Novas janelas para o Universo

MARIA CRISTINA B. ABDALLA
THYRSO VILLELA NETO

Novas janelas para o Universo

COLEÇÃO PARADIDÁTICOS
SÉRIE NOVAS TECNOLOGIAS

Editora UNESP

Direitos de publicação reservados à:
Fundação Editora da Unesp (FEU)
Praça da Sé, 108
01001-900 – São Paulo – SP
Tel.: (0xx11) 3242-7171
Fax: (0xx11) 3242-7172
www.editoraunesp.com.br
www.livrariaunesp.com.br
feu@editora.unesp.br

CIP – Brasil. Catalogação na fonte
Sindicato Nacional dos Editores de Livros, RJ

A116n

Abdalla, Maria Cristina B. (Maria Cristina Batoni), 1954-.
Novas janelas para o universo / Maria Cristina B. Abdalla, Thyrso Villela Neto - São Paulo : Editora Unesp, 2005
120p. : il. -(Paradidáticos ; Série Novas Tecnologias)

Contém glossário
Inclui bibliografia
ISBN 85-7139-573-X

1. Astronomia. 2. Inovações tecnológicas. 3. Cosmologia. I. Villela Neto, Thyrso II. Título III. Série.

05-3177. CDD 520
CDU 52

EDITORA AFILIADA:

Asociación de Editoriales Universitarias de América Latina y el Caribe

Associação Brasileira de Editoras Universitárias

A COLEÇÃO PARADIDÁTICOS UNESP

A Coleção Paradidáticos foi delineada pela Editora Unesp com o objetivo de tornar acessível a um amplo público obras sobre *ciência* e *cultura*, produzidas por destacados pesquisadores do meio acadêmico brasileiro.

Os autores da Coleção aceitaram o desafio de tratar de conceitos e questões de grande complexidade presentes no debate científico e cultural de nosso tempo, valendo-se de abordagens rigorosas dos temas focalizados e, ao mesmo tempo, sempre buscando uma linguagem objetiva e despretensiosa.

Na parte final de cada volume, o leitor tem à sua disposição um *Glossário*, um conjunto de *Sugestões de leitura* e algumas *Questões para reflexão e debate*.

O *Glossário* não ambiciona a exaustividade e nem pretende substituir o caminho pessoal que todo leitor arguto e criativo percorre, ao dirigir-se a dicionários, enciclopédias, *sites* da Internet e tantas outras fontes, no intuito de expandir os sentidos da leitura que se propõe. O tópico, na realidade, procura explicitar com maior detalhe aqueles conceitos, acepções e dados contextuais valorizados pelos próprios autores de cada obra.

As *Sugestões de leitura* apresentam-se como um complemento das notas bibliográficas disseminadas ao longo do texto, correspondendo a um convite, por parte dos autores, para que o leitor aprofunde cada vez mais seus conhecimentos sobre os temas tratados, segundo uma perspectiva seletiva do que há de mais relevante sobre um dado assunto.

As *Questões para reflexão e debate* pretendem provocar intelectualmente o leitor e auxiliá-lo no processo de avaliação da leitura realizada, na sistematização das informações absorvidas e na ampliação de seus horizontes. Isso, tanto para o contexto de leitura individual quanto para as situações de socialização da leitura, como aquelas realizadas no ambiente escolar.

A Coleção pretende, assim, criar condições propícias para a iniciação dos leitores em temas científicos e culturais significativos e para que tenham acesso irrestrito a conhecimentos socialmente relevantes e pertinentes, capazes de motivar as novas gerações para a pesquisa.

SUMÁRIO

INTRODUÇÃO

Descobrir o Universo em que vivemos sempre foi uma das atividades mais importantes e divertidas das nossas vidas. Fazemos isso desde que nascemos, de forma consciente ou inconsciente. Quando somos bebês, descobrimos o ambiente à nossa volta primeiramente com os nossos olhos e mãos. Depois, com as nossas pernas, podemos chegar perto dos objetos que vemos e, finalmente, tocá-los. Em geral, podemos ter uma percepção bastante acurada da Natureza que nos cerca aqui na Terra por meio de um contato direto com tudo ao nosso redor. No entanto, quando observamos o céu, temos uma sensação estranha: percebemos que o nosso mundo não se limita aos arredores do nosso planeta e que há novos mistérios a serem revelados. Percebemos também que, para desvendar esses mistérios, precisamos usar artefatos que nos permitam enxergar coisas que os nossos olhos não conseguem ver. Assim, lançamo-nos numa nova aventura para descobrir a Natureza: é a aventura do descobrimento do Universo. É a aventura da Astronomia. É a aventura deste livro.

A pesquisa astronômica, na busca incansável por abrir novas janelas, além dos nossos olhos, para a observação do Universo e que nos permitam descobrir os segredos da Natureza, tem produzido informações curiosas. Algumas descobertas nos mostraram facetas inesperadas do cosmo, como a revelada pelos pulsares, que são estrelas compostas de nêutrons e que giram como faróis marítimos com uma precisão maior do que a dos relógios concebidos pelo Homem! Aprendemos também que há movimentos violentos de matéria no Universo, gerando temperaturas tão altas que sequer sonhamos atingir aqui na Terra. Descobrimos que a estrela mais brilhante do céu, Sírius, tem uma companheira que não pode ser vista a olho nu, mas que é muito mais brilhante do que ela quando observada em raios X. Descobrimos também que existem astros no céu, como as estrelas anãs brancas, cuja densidade é tão grande que uma colherinha de café cheia com o material de que ela é formada pesaria cerca de uma tonelada aqui na Terra! O primeiro *laser* de que se teve notícia foi observado na luz emitida por uma estrela. Quem imaginaria, na época dessa descoberta, que ele teria uma importância tão grande nos dias de hoje, sendo útil na Medicina e em muitas outras áreas? Pois bem, o *laser* foi observado no céu cerca de cem anos antes de ter sido inventado aqui na Terra! Em função das observações astronômicas, chegamos à conclusão de que não conhecemos quase nada sobre os constituintes do Universo: apenas cerca de 5% do conteúdo do cosmo é formado por matéria que conhecemos aqui na Terra. Os outros quase 95% são um verdadeiro enigma para nós! Descobrimos, enfim, que precisamos aprender muito mais sobre o Universo.

A relação entre Astronomia e desenvolvimento tecnológico se mostra de uma maneira não muito clara, de forma que, muitas vezes, não percebemos diretamente que os conhecimentos e os desenvolvimentos tecnológicos produzidos pela pesquisa em Astronomia hoje possam ter uma aplicação importante no futuro. A Astronomia, em virtude da beleza dos objetos com que lida e da distância a que eles se encontram da Terra, é muitas vezes lembrada como uma ciência romântica, da qual nenhuma aplicação prática pode advir. Obviamente, essa é uma ideia errônea. Não há desenvolvimento tecnológico sem o domínio do conhecimento científico mais puro, aquele que, à primeira vista, pode até parecer inútil. A Astronomia já nos proporcionou vários conhecimentos e descobertas fundamentais para o nosso progresso: quem não se lembra, por exemplo, das grandes navegações, que se tornaram possíveis em razão do conhecimento da navegação por estrelas? A Astronomia tem gerado uma enorme quantidade de produtos e de tecnologias que permeiam o nosso cotidiano. O mundo moderno está mergulhado na telefonia celular, que usa alguns dos avanços produzidos pelas pesquisas em Radioastronomia. Avanços relacionados ao desenvolvimento de detectores para observar o céu no visível, em raios X e gama, são hoje utilizados em Medicina, Veterinária e outras áreas. Por exemplo: o humor vítreo dos nossos olhos, por não ser um meio totalmente homogêneo, não permite que a luz de um *laser* seja focalizada perfeitamente na retina, a exemplo do que acontece com a luz das estrelas ao atravessar a atmosfera e atingir os telescópios. A óptica adaptativa, que será descrita no Capítulo 2, está agora resolvendo esse problema. Saída diretamente dos observatórios astronômicos, e ainda na sua infância tecnológica, ela começa a fornecer as primeiras imagens de retina corrigidas da mesma forma que as imagens astronômicas. Um sistema desenvolvido por um radioastrônomo permite determinar a posição em que se encontra o dono de um telefone celular com a precisão de alguns metros. Essa tecnologia foi desenvolvida porque esse cientista queria observar galáxias na frequência de 100 MHZ! Quando ele desenvolveu essa tecnologia, na década de 1980, certamente não sonhava com essa aplicação, mesmo porque, nessa época, a telefonia celular ainda não existia da forma como a conhecemos hoje. As pessoas que ligam para uma central telefônica solicitando ajuda estão sendo, literalmente, ajudadas pela Radioastronomia!

A combustão dos motores dos automóveis e as reações de fissão nuclear para gerar energia elétrica geram resíduos altamente poluentes. Quem não ficará contente no dia em que conseguirmos produzir energia de maneira limpa, sem rejeitos tóxicos e sem precisar agredir o meio ambiente? Pois bem, o Universo nos ensinou como obter essa fonte de energia: bastou entendermos como as estrelas brilham para perceber isso. As observações astronômicas em várias faixas do espectro eletromagnético nos ajudaram a entender o processo de nascimento, vida e morte das estrelas e, consequentemente, nos ajudaram a entender o processo de fusão nuclear responsável pelo brilho delas. Ainda não dominamos completamente a tecnologia de fusão nuclear, mas já conhecemos os fundamentos desse mecanismo, que transforma, por exemplo, hidrogênio, que é o elemento químico mais abundante do Universo, e que, portanto, é praticamente inesgotável, em hélio, em um processo que gera energia sem poluição.

Não é nossa intenção neste pequeno livro mostrar todas as tecnologias desenvolvidas pela Astronomia ou por ela utilizadas para a observação do Universo; tampouco esgotar o tema ligado às aplicações tecnológicas de conhecimentos científicos gerados pela Astronomia. Estamos vivendo uma era de descobertas astronômicas fabulosas! Percebemos, a cada dia, o quanto ainda nos resta descobrir sobre o cosmo e o quanto as novas tecnologias têm-nos ajudado nessa aventura do descobrimento, permitindo a abertura de novas janelas pelas quais podemos apreciar a beleza do Universo. Esperamos que o leitor se sinta entusiasmado a participar dessa aventura e a aprender, cada vez mais, sobre o meio ambiente que nos cerca, que inclui, além do ar, dos mares, dos rios e das florestas, também o Sol, a Lua, os planetas, as estrelas, as galáxias, os aglomerados de galáxias, os quasares, os pulsares, os buracos negros...

Descobrir o Universo com o auxílio de algumas das ferramentas tecnológicas de que o Homem dispõe é a aventura que propomos ao leitor!

■

1 O Universo em que vivemos

Quando tentamos descrever o Universo em que vivemos, a imagem que imediatamente nos vem à mente é a do céu noturno cheio de pontos luminosos e distantes. Imaginamos que esse imenso espaço em que estamos imersos seja repleto de estrelas, galáxias e outros astros longínquos e enigmáticos. Visto a olho nu, mesmo longe da poluição luminosa das grandes cidades, temos apenas uma pequena noção da grandiosidade do Universo. Não percebemos detalhes importantes sobre a constituição dos astros que formam o Universo, porque nossos olhos não estão capacitados para desvendar esses mistérios. E é sobre essa impressão que temos ao observar o cosmo, falsa até certo ponto, que escreveremos: a ideia é expor ao leitor que a face que percebemos do Universo em que vivemos, na verdade, é apenas uma pequena amostra do que ele realmente encerra. Veremos que o Homem, ao aplicar os conhecimentos técnicos que a ciência lhe proporcionou, conseguiu perceber um Universo completamente diferente daquele que está acostumado a ver.

Em pleno século XXI os cientistas lançam olhos muito precisos para o macrocosmo. Utilizando instrumentos sofisticados, entramos em uma era intitulada "cosmologia de precisão", e o modelo que temos hoje para a criação e a evolução do Universo, conhecido como Modelo Cosmológico Padrão, tem sido continuamente testado com rigor. Computadores capazes de processar rapidamente grandes quantidades de dados ajudam a analisar as observações feitas por instrumentos no solo, a bordo de balões, foguetes, satélites e sondas interplanetárias, que, depois de interpretadas, são usadas para testar as teorias sobre o Universo e seus constituintes.

No que segue, vamos contar de que forma os cientistas observam o céu, quais os recursos e as novas tecnologias que os ajudam a desvendar os mistérios e as peculiaridades do Universo. Vamos falar sobre as inúmeras formas de ver o Universo, desde as suas belas imagens captadas pela luz visível até seus mínimos suspiros invisíveis, verdadeiras relíquias do seu princípio.

Até a década de 1930, a única forma de retratar o Universo era por meio de telescópios ópticos que lhe perscrutavam a constituição mais íntima mediante imagens fotográficas. Objetos como pulsares e quasares, por exemplo, não eram conhecidos; as grandes nuvens de hidrogênio neutro que formam o halo (que é uma espécie de auréola ou círculo luminoso ao redor das galáxias) de certas galáxias não eram detectáveis; ecos do *Big Bang* como a Radiação Cósmica de Fundo em micro-ondas, nem sequer eram imaginados. A pergunta que muitos astrônomos se fizeram foi bem simples: será que poderíamos "ver" mais detalhes do Universo utilizando outros recursos?

Para que possamos entender melhor tantos e tão diferentes tipos de radiação a que estamos expostos, colocaremos todos esses conceitos em uma linguagem comum. Para começar, será que o leitor saberia dizer se há algo em comum entre a origem de um belo arco-íris, a ligação de um telefone celular e os sinais de um radar que orientam o pouso de um avião? Haveria algum parentesco entre os raios X que acusam uma fratura, os sinais que recebemos de uma antena de TV, transmitindo-nos imagens tão nítidas, o *laser* que o dentista usa em seu gabinete dentário, os óculos infravermelhos de um agente secreto e o mecanismo envolvido na transmissão da nossa música predileta quando a ouvimos pelo rádio? É claro que sim! Tudo isso está relacionado com a manifestação de diversos tipos de ondas que pertencem a uma mesma família, a família das ondas eletromagnéticas. No jargão do físico, essa família de ondas é conhecida como *espectro eletromagnético*. Todas essas ondas obedecem às mesmas leis físicas, possuem as mesmas propriedades e são geradas por oscilações de cargas elétricas.

Assim como as ondas do mar viajam na superfície da água e as ondas sonoras nascem de oscilações das moléculas do ar, as ondas eletromagnéticas são causadas por oscilações de partículas carregadas eletricamente. Um vaivém incessante de elétrons, obrigados a percorrer o fio de uma antena nos dois sentidos, gera ondas eletromagnéticas com comprimentos que vão desde poucos metros até muitos quilômetros. O movimento dos elétrons da antena transmissora produz uma onda. Uma vez transmitida, essa onda fará vibrar os elétrons da antena receptora com a mesma frequência. É esse o segredo da transmissão de informação por ondas eletromagnéticas.

As ondas do mar precisam da água como meio de propagação. As ondas sonoras invisíveis também precisam das moléculas de ar como meio de condução. No entanto, as misteriosas ondas eletromagnéticas não precisam de meio algum para se propagar. Não as vemos, mas elas estão por toda parte, viajam pelo ar, pelos materiais sólidos e, muito estranhamente, pelo espaço vazio. O espaço sideral carrega muita informação na forma de ondas eletromagnéticas, pois elas são capazes de viajar através do vácuo cósmico.

A velocidade de propagação da radiação eletromagnética em determinado meio é sempre constante – é denominada velocidade da luz. No vácuo, é representada pela letra *c* e atinge seu valor máximo (cerca de 300.000 km/s). As ondas de rádio, de televisão, micro-ondas ou raios X são alguns exemplos de ondas eletromagnéticas. Porém, o que é de fato uma onda eletromagnética e como podemos caracterizá-la?

Uma onda eletromagnética é composta de um campo elétrico e um campo magnético, perpendiculares entre si, que oscilam juntos. A propagação da onda como um todo se dá na direção perpendicular aos dois campos (veja FIGURA 1).

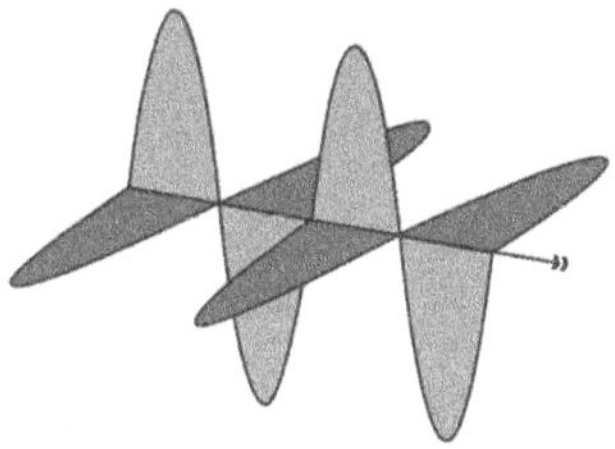

FIGURA 1. PROPAGAÇÃO DA ONDA ELETROMAGNÉTICA.

Quando uma carga elétrica se move de forma acelerada, seus campos elétrico e magnético irradiam (propagam-se em formas de raios), e a essa radiação damos o nome de *onda eletromagnética*.

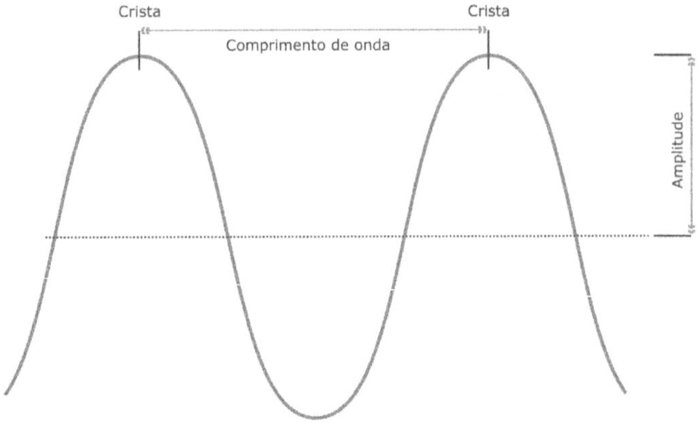

FIGURA 2. REPRESENTAÇÃO GRÁFICA DE UMA ONDA.

Na FIGURA 2, o intervalo entre dois picos de onda chama-se *comprimento de onda*, medido em unidades de distância e representado pela letra grega λ (lambda). Outra grandeza que caracteriza a onda é a sua *frequência*, medida em ciclos por segundo, ou Hertz (HZ), representada pela letra grega ν (nu, em grego, e se pronuncia "ni"). A relação entre essas duas grandezas é:

$$\lambda\nu = c.$$

O produto do comprimento de onda (λ) pela frequência (ν) é igual à velocidade de propagação da luz (c), ou seja, é constante! É fácil entender agora que quando λ aumenta ν diminui, pois o produto deve manter-se constante. A radiação eletromagnética é absorvida e emitida pela matéria em múltiplos de uma quantidade definida de energia chamada *quantum* (palavra grega para "quantidade de algo") e a energia que uma onda eletromagnética carrega é dada por

$$E = h\nu = \frac{hc}{\lambda},$$

em que h é a constante de Planck, vale $6{,}62 \times 10^{-27}$ em unidades de $cm^2 \times grama \times s^{-1}$, e é uma constante universal, da mesma forma que a velocidade da luz, c.

As ondas eletromagnéticas também podem ser emitidas por átomos. O átomo de hidrogênio é constituído por um próton, que tem carga positiva e fica no centro do átomo, e por um elétron, que tem carga negativa e gira em torno do próton. Há uma série de órbitas possíveis para acomodar esse elétron em seu movimento ao redor do núcleo atômico, as quais são chamadas de *órbitas estacionárias*, dispostas em círculos concêntricos. O elétron só se move em *uma* dessas possíveis órbitas. A órbita mais próxima do núcleo chama-se "estado fundamental", e é estável. As outras órbitas são instáveis: se o elétron estiver em uma órbita mais externa, poderá decair para qualquer uma mais próxima do núcleo. Niels Bohr (1922-), físico dinamarquês, postulou que, em uma órbita estacionária, o elétron não perde energia; e que, quando um elétron de uma órbita mais energética decai para uma órbita menos energética, a energia associada ao decaimento é dada pela diferença de energia entre as duas órbitas. Como as órbitas propostas por Bohr são bem definidas, cada linha espectral representa uma transição (um pulo) do elétron de uma órbita para outra.

A linha espectral será de emissão se o elétron pular de uma órbita mais externa para outra mais interna. Usa-se a palavra *emissão* porque, ao pular de uma órbita maior, a, para uma menor, b, o elétron perde energia emitindo um fóton. A frequência desse fóton é denotada por ν_{ab}, e sua energia é dada por $h\nu_{ab}$. Em contrapartida, quando o elétron pula de uma órbita mais interna para outra mais externa, a linha é de absorção, pois o elétron precisa absorver (ganhar) a energia de um fóton para poder alcançar a órbita mais alta.

Energia, comprimento de onda, frequência, cor e temperatura estão todos conectados. Por exemplo, quando observamos uma estrela, pela sua cor podemos saber a sua temperatura. Porém, como podemos relacionar cor com temperatura? Estrelas são bolas de gás, principalmente hidrogênio, que estão a altas temperaturas, da ordem de centenas de milhares de graus Celsius. A temperatura de uma estrela pode ser aproximada pela temperatura de um *corpo negro*, que é um objeto hipotético que absorve perfeitamente toda a radiação eletromagnética que nele incide, e emite, também de forma perfeita, fótons em todos os comprimentos de onda.

O nome *corpo negro* não deve confundir o leitor, pois não significa que os corpos que observamos, como as estrelas, sejam negros. Esse nome é utilizado apenas para designar que esses corpos absorvem de forma integral toda a energia incidente e não refletem nada, fato este que os tornaria negros. Porém, o conceito associado a corpo negro, no caso, implica que esse corpo emitiria toda a energia incidente de uma forma característica. A distribuição da emissão desses fótons em função da frequência, ou seja, o seu espectro, depende apenas de um parâmetro, a temperatura, e tem a mesma forma característica para todas as temperaturas (veja FIGURA 3). Assim, corpos mais quentes apresentam um máximo de intensidade de emissão em comprimentos de onda menores (frequências maiores), ao passo que corpos mais frios apresentam um máximo da emissão em comprimentos de onda maiores (frequências menores). O nome *corpo negro* foi introduzido pelo físico Gustav Robert Kirchhoff

(1824-1887), em 1862, mas foi Max Karl Ernst Ludwig Planck (1858-1947), em 1900, quem determinou a forma do espectro de emissão de corpo negro.

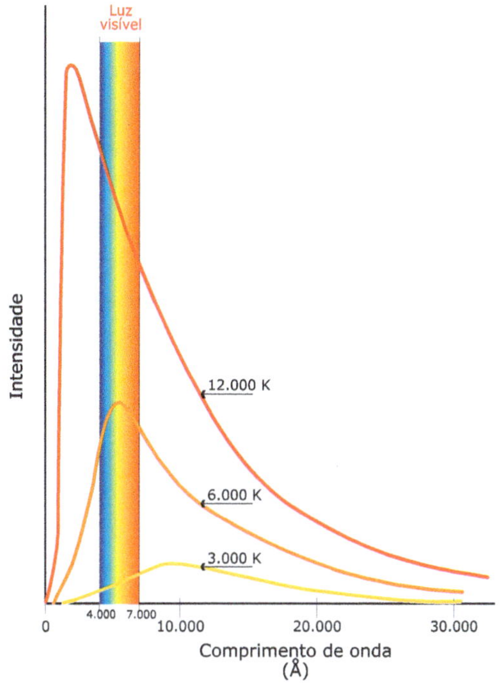

FIGURA 3. INTENSIDADE DA EMISSÃO DE FÓTONS EM FUNÇÃO DO COMPRIMENTO DE ONDA.

As estrelas, assim como a maioria dos corpos no Universo, não são corpos negros perfeitos, mas essa é uma boa aproximação para ser usada. A temperatura está associada à quantidade de energia de um sistema. No caso das estrelas, essa energia está associada aos movimentos das partículas na parte mais externa delas. Quanto mais frequentes os movimentos, mais chances de colisões entre os átomos do material dessa camada externa. E quanto mais colisões, mais elétrons nos átomos são deslocados para níveis mais energéticos. Quando esses elétrons voltam ao nível fundamental, emitem fótons, ou seja, ondas eletromagnéticas que têm comprimentos de onda bem definidos. No entanto, a forma final do espectro de uma estrela depende também do que acontece com esses fótons quando eles estão prestes a sair das estrelas, ou seja, quando passam pela atmosfera estelar. Analisando os espectros das estrelas, podemos descobrir suas temperaturas. Esses espectros, portanto, nos trazem informações das transições atômicas que ocorrem nas partes mais externas das estrelas. O Sol, por exemplo, tem uma temperatura efetiva de aproximadamente 5.800 K, que é a temperatura de sua parte externa, o que faz que ele pareça amarelo para nós. A temperatura no interior do Sol, no entanto, pode chegar a 15.000.000 K.

As ondas eletromagnéticas foram tratadas teoricamente por James Maxwell (1831-1879) em 1873, mas foi Heinrich Hertz (1847-1894), em 1888, quem provou sua real existência, passando a ser conhecidas por *ondas hertzianas* em sua homenagem. Guglielmo Marconi (1874-1937) inventou o rádio em 1895. Os primeiros testes com o telégrafo sem fio aconteceram em 1899 e, em 1901, Marconi aparece como responsável pela primeira transmissão transatlântica.

Em 1912, o navio transatlântico Titanic lançou aos ares uma das primeiras mensagens de socorro (SOS) com o auxílio da telegrafia sem fio e oitocentas vidas foram salvas. O radar, inventado em 1935 pelo físico escocês *Sir* Robert Alexander Watson (1892-1973), foi aperfeiçoado na década de 1940 pelos ingleses, americanos e alemães durante a Segunda Guerra Mundial. O que fica desse breve histórico sobre ondas eletromagnéticas é que essas misteriosas ondas invisíveis, já no início do século passado, carregavam um poder assustador: eram ondas que salvavam, curavam e podiam até matar.

No mundo moderno, o grande desafio é procurar cada vez mais novas aplicações para essas ondas eletromagnéticas. Do seu estudo descobriram-se, ainda, a TV, o *laser*, as lâmpadas de mercúrio e de luz ultravioleta, os raios X, o forno de micro-ondas, a telefonia móvel. Durante muitos séculos, o ser humano não se deu conta de que era cercado de fontes imperceptíveis de energia e hoje, cada vez mais, necessita conquistar e dominar esse mundo invisível onde vive imerso. A radiação ou onda eletromagnética é um dos principais meios através dos quais a energia é transportada no Universo e a sua presença no ecossistema universal é muito importante.

A **FIGURA 4** mostra alguns fenômenos físicos em função do comprimento da onda.

Descreveremos a seguir alguns fenômenos físicos que encontramos em algumas das faixas do espectro eletromagnético. A **TABELA 1** pode ser consultada em cada intervalo.

RAIOS GAMA – são fótons muito energéticos, portadores dos menores comprimentos de onda da radiação eletromagnética. Como os raios gama podem matar células vivas, são muito utilizados na Medicina para o tratamento de câncer. São produzidos por transições nucleares e também podem ser gerados pela desintegração de núcleos atômicos. No Universo, são produzidos por objetos muito quentes, com temperaturas da ordem de 10^8 K. São poucas as fontes de raios gama no Universo: estrelas de nêutrons, pulsares, supernovas. Os raios gama viajam grandes distâncias no Universo e quando penetram na atmosfera

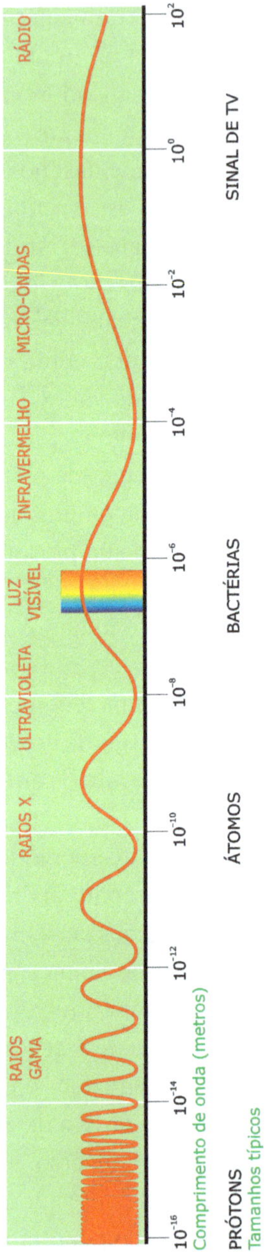

FIGURA 4. FAIXAS DO ESPECTRO ELETROMAGNÉTICO.

TABELA 1. ESPECTRO ELETROMAGNÉTICO.

DENOMINAÇÃO	NOME TÉCNICO (EM INGLÊS)	COMPRIMENTO DE ONDA (λ)	FREQUÊNCIA (ν)
		1 pm	300 EHz
Raios gama	*Gamma Rays*		
		10 pm	30 EHz
Raios x duros	HX (***H**ard **X**-rays*)		
		100 pm	3 EHz
Raios x moles	SX (***S**oft **X**-rays*)		
		10 nm	30 PHz
Ultravioleta extremo	EUV (***E**xtreme **U**ltra **V**iolet*)		
		100 nm	3 PHz
Ultravioleta próximo	NUV (***N**ear **U**ltra **V**iolet*)		
		380 nm	790 THz
Luz visível	Violeta		
		430 nm	700 THz
	Anil		
		450 nm	670 THz
	Azul		
		500 nm	600 THz
	Ciano		
		520 nm	580 THz
	Verde		
		565 nm	530 THz
	Amarelo		
		590 nm	510 THz
	Laranja		
		625 nm	480 THz
	Vermelho		
		740 nm	405 THz
Infravermelho próximo	NIR (***N**ear **I**nfra**R**ed*)		
		10 μm	30 THz
Infravermelho moderado	MIR (***M**oderated **I**nfra**R**ed*)		
		100 μm	3 THz
Infravermelho distante	FIR (***F**ar **I**nfra**R**ed*)		
		1 mm	300 GHz
Micro-ondas (freq. extremamente alta)	EHF (***E**xtremely **H**igh **F**requency*)		
		1 cm	30 GHz
Micro-ondas (freq. superalta)	SHF (***S**uper **H**igh **F**requency*)		
		1 dm	3 GHz
Ondas de rádio (freq. ultra-alta)	UHF (***U**ltra **H**igh **F**requency*)		
		1 m	300 MHz
Ondas de rádio (freq. superalta)	VHF (***V**ery **H**igh **F**requency*)		
		1 dam	30 MHz
Ondas de rádio (freq. alta)	HF (***H**igh **F**requency*)		
		1 hm	3 MHz
Ondas de rádio (freq. média)	MF (***M**edium **F**requency*)		
		1 km	300 kHz
Ondas de rádio (freq. baixa)	LF (***L**ow **F**requency*)		
		10 km	30 kHz
Ondas de rádio (freq. muito baixa)	VLF (***V**ery **L**ow **F**requency*)		
		100 km	3 kHz
Ondas de rádio (freq. de voz)	VF (***V**oice **F**requency*)		
		1 Mm	300 Hz
Ondas de rádio (freq. extremamente baixa)	ELF (***E**xtremely **L**ow **F**requency*)		
		10 Mm	30 Hz

A notação para leitura é a seguinte: pm (picômetros) = 10^{-12} m; nm (nanômetros) = 10^{-9} m; μm (micrômetros) = 10^{-6} m; mm (milímetros) = 10^{-3} m; Mm (megametros) = 10^{6} m. EHz (exahertz) = 10^{18} Hz; PHz (petahertz) = 10^{15} Hz; THz (terahertz) = 10^{12} Hz; GHz (gigahertz) = 10^{9} Hz; MHz (megahertz) = 10^{6} Hz; kHz (quilohertz) = 10^{3} Hz.

terrestre são absorvidos. A absorção depende do seu comprimento de onda (ou da sua energia). Os balões que flutuam a grandes altitudes, assim como os satélites, podem captar os raios gama e observar o céu nessas frequências.

RAIOS X – são ondas eletromagnéticas de comprimentos de onda maiores do que os dos raios gama: de 10 pm até 10 nm. À medida que o comprimento de onda diminui, os raios X aumentam sua capacidade de penetrar no corpo humano, permitindo localizar problemas nos ossos. Conforme a densidade da matéria, os raios X atravessam-na com maior ou menor facilidade. É por isso que os tecidos humanos, formados em sua maioria por elementos pouco pesados, como hidrogênio, oxigênio e carbono, são mais transparentes aos raios X do que os ossos, que contêm elementos pesados como o fósforo e o cálcio. No Universo, a emissão de raios X está associada a temperaturas da ordem de 10^6 a 10^8 K, que são típicas do gás presente em aglomerados de galáxias, da coroa solar, de sistemas binários que contêm buracos negros, restos de supernovas etc.

ULTRAVIOLETA (UV) – a luz ultravioleta é invisível aos olhos humanos, mas algumas abelhas são capazes de percebê-la. O excesso de luz ultravioleta é perigoso para o corpo humano, podendo provocar graves queimaduras na pele. No Universo, a emissão de radiação UV está associada a processos térmicos com temperaturas da ordem de 10^5 a 10^6 K, que são encontradas em restos de supernovas e estrelas muito quentes, por exemplo.

LUZ VISÍVEL – faixa minúscula de frequências de luz que os nossos olhos conseguem ver. O termo *luz* é normalmente usado para designar um tipo de onda eletromagnética que é capaz de estimular a retina dos nossos olhos. Portanto, luz visível pode ser, de certa forma, uma expressão redundante. A cor não é uma propriedade da luz; ela é antes de tudo uma manifestação eletroquímica do sistema sensorial constituído pelos olhos, nervos e cérebro. Se fôssemos rigorosos, deveríamos dizer "a onda eletromagnética que é vista como azul" em vez de "luz azul", por exemplo. Quando nos referimos à luz visível, estamos falando de ondas eletromagnéticas com comprimento de onda aproximadamente entre 400 e 700 nm. As frequências que sensibilizam a nossa retina causam as seguintes sensações de cores: vermelho, laranja, amarelo, verde, azul e violeta. Cada cor é bem caracterizada por um comprimento de onda. O Sol é um emissor de ondas eletromagnéticas; emite luz (ondas luminosas), calor (ondas infravermelhas), radiação ultravioleta (que pode queimar a nossa pele), entre outras, mas a grande parte da sua luz (44%) tem comprimento de onda dentro do espectro visível. Assim, a vida em nosso planeta se desenvolveu com base nisso. À medida que o ser humano foi evoluindo, seus olhos adaptaram-se para responder aos estímulos eletromagnéticos correspondentes às ondas curtas do espectro visível. No Universo, a emissão de luz visível por processos térmicos está associada a temperaturas da ordem de 10^3 a 10^5 K, que são típicas de fotosferas estelares, ou seja, das camadas mais exteriores das estrelas.

INFRAVERMELHO – com comprimentos de onda da ordem de mícrons, ou seja, 10^{-6} m, existe uma radiação que só podemos sentir pela sensação de calor que ela causa ao nos atingir. A luz infravermelha é produzida por corpos quentes: o Sol, o ferro de passar roupa, o aquecedor elétrico. De modo geral, é dividida em três regiões espectrais: infravermelho próximo, médio e distante. O infravermelho próximo pode ser observado da Terra. Contudo, as radiações infravermelhas média e distante só podem ser observadas quando o detector ultrapassar a atmosfera, pois as moléculas de água da atmosfera impedem a penetração de raios infravermelhos mais energéticos provenientes do Sol e de outras estrelas. A solução é lançar balões, foguetes e satélites com a tarefa definida de observar essa radiação. No Universo, a emissão infravermelha de origem térmica está associada a objetos e regiões cujas temperaturas são da ordem de 10 a 10^3 K. Essas temperaturas são típicas de planetas e nuvens de gás e poeira presentes no meio interestelar.

MICRO-ONDAS – com comprimentos de onda entre 10 e 0,1 cm, as micro-ondas aquecem nosso alimento, pois elas são capazes de agitar as moléculas de água, isto é, fazem que cada molécula de água rode, e esse movimento de rotação aumenta a energia de cada uma, aquecendo todo o alimento. As micro-ondas também são muito utilizadas na transmissão de informação, uma vez que podem penetrar nevoeiros, fumaça, nuvens, chuva leve e neve. São os tipos de ondas utilizados pelos radares e também por satélites espaciais que observam e tiram fotos da Terra. Em Astrofísica, as observações da Radiação Cósmica de Fundo em micro-ondas dão informação sobre a temperatura global do Universo, que tem o valor atual de 2,726 K, equivalente a aproximadamente –270 °C, ou seja, o Universo é muito frio! Ajudam-nos também a desvendar os mecanismos responsáveis pelo surgimento das estruturas de matéria que observamos hoje no Universo, como as galáxias e os aglomerados de galáxias.

ONDAS DE RÁDIO – a faixa de comprimento de onda de rádio varia de um a dez milhões de metros. Essas ondas são utilizadas para a difusão de programas de rádio e de televisão, assim como na telefonia celular. Da mesma forma que a luz visível, as ondas de rádio também podem ser captadas por radiotelescópios ou, mais vulgarmente, por aparelhos conhecidos como antenas. A sua detecção baseia-se num efeito eletrônico, isto é, na detecção da corrente elétrica produzida na antena pelas ondas recebidas. Podemos obter, dessa forma, as informações produzidas pelas ondas de rádio emitidas pelos objetos celestes. Esse estudo conduziu às grandes descobertas de objetos cósmicos invisíveis aos telescópios ópticos. As ondas ELF (ver **TABELA 1**) são importantes na marinha como meio de comunicação em submarinos. Quanto mais baixa a frequência do sinal, em maiores profundidades ele pode ser recebido. No Universo, a emissão de ondas de rádio de origem térmica está associada a regiões de baixas temperaturas, menores que 10 K, que são encontradas em nuvens escuras de poeira.

A conclusão a que chegamos é de que o retrato do Universo depende de como o olhamos. Visto a olho nu, ele é calmo e tranquilo, exibindo estrelas, galáxias e planetas, seguindo suas órbitas usuais e emitindo radiação pelo simples fato de estarem quentes. Sem o auxílio de instrumentos, dos nove planetas conhecidos até o momento, conseguimos ver apenas cinco (Mercúrio, Vênus, Marte, Júpiter e Saturno), sem contar a Terra, naturalmente; das aproximadamente 10^{22} estrelas, vemos algo em torno de cinco mil; e, das cerca de 10^{11} galáxias, vemos apenas três (a Grande e a Pequena Nuvem de Magalhães e Andrômeda). Conseguimos ver também alguns cometas, meteoros e, obviamente, o Sol e a Lua. Porém isso é quase nada se comparado ao restante do Universo. É uma pena, já que os constituintes mais exóticos deste só nos são revelados com o auxílio de instrumentos, ou seja, com as maravilhas que as várias tecnologias desenvolvidas nos últimos séculos proporcionaram ao Homem.

Se observarmos o Universo em outras faixas do espectro eletromagnético (ondas de rádio, infravermelho, ultravioleta, raios X, raios gama), veremos um cenário violento, explosivo e um estado de mudanças muito rápidas. Há processos que duram poucos segundos, mas que liberam quantidades fantásticas de energia, como as explosões cósmicas de raios gama, por exemplo. Como poderíamos então ter uma compreensão mais global do Universo em que vivemos?

Para os astrônomos da Antiguidade, observar o céu era um exercício de muita paciência e persistência. Muitas vezes, era necessário esperar dias para encontrar um céu límpido e sem umidade. Com o passar do tempo, as cidades cresceram e a iluminação pública, espalhando luz para todos os lados, passou a ser um novo agravante para uma observação mais rigorosa. E isso vale até mesmo para observações que não são ópticas, pois as ondas eletromagnéticas de rádio, televisão, satélites, aparelhos elétricos (e eletrônicos) e da telefonia móvel permeiam as faixas de frequência em que a Radioastronomia obtém seus dados. Observações completamente livres de interferência só seriam possíveis se tivéssemos um observatório instalado além da atmosfera terrestre e protegido da poluição eletromagnética proveniente da Terra. Uma solução encontrada foi fazer experimentos com balões. Há alguns que chegam a mais de 40 km de altitude. Apesar de a atmosfera terrestre ter 480 km, cerca de 80% dela se concentra nos primeiros 16 km e, portanto, torna-se possível observar até ondas longas de rádio.

A solução aparentemente definitiva foi encontrada com os telescópios espaciais. Vários foram lançados, contudo o mais popular foi o Hubble, colocado em órbita ao redor da Terra no início da década de 1990. Ele nos mostrou belezas inimagináveis da Natureza. Seu espelho mede 2,4 m de diâmetro, bem menor do que os telescópios ópticos terrestres atualmente em operação, mas isso não constitui um problema, pois ele opera no espaço onde não há atmosfera. Outros telescópios foram construídos e lançados especialmente para desvendar os mistérios do nosso Universo, e é essa história fascinante que estamos prestes a contar para vocês.

■

2 Novas tecnologias: proporcionando ao Homem uma nova visão do Universo

Explosões de estrelas; poeira cósmica; gases a temperaturas de milhões de graus Celsius; matéria se movendo a velocidades próximas à da luz; corpos altamente densos, tão densos que sequer conseguimos imaginar algo semelhante aqui na Terra. Essas são algumas das informações que o desenvolvimento de várias tecnologias para observar o céu proporcionou ao Homem e que mudaram de maneira drástica a nossa compreensão acerca do Universo em que vivemos.

Uma das surpresas que a tecnologia nos proporcionou foi a constatação de que a estrela mais brilhante do céu, Sírius, que fica próxima da constelação do Cão Maior, na verdade é um sistema duplo! Isso mesmo: o astro mais brilhante que observamos no céu, sem considerar os planetas e a Lua, é uma estrela que tem uma companheira. Nossos olhos não podem ver essa companheira de Sírius, porque ela não é muito brilhante na parte do espectro eletromagnético em que os nossos olhos são sensíveis. No entanto, Friedrich Bessel (1784-1846), em 1844, utilizando um telescópio, notou que Sírius apresentava um comportamento um pouco estranho, como se outro objeto nas suas proximidades fosse o responsável por seu pequeno movimento oscilatório no céu. Alvan Clark (1852-1897), em 1863, resolveu o mistério ao descobrir que existia uma pequena estrela que girava ao redor de Sírius com período orbital de aproximadamente cinquenta anos. Essa estrela ficou conhecida como Sírius B. Ela, na verdade, é uma estrela anã branca, cujas características principais veremos no Capítulo 4. Apenas para aumentar ainda mais a curiosidade do leitor, vale a pena mencionar que, em raios X, Sírius B, que sequer notamos a olho nu, é mais brilhante que Sírius!

A atmosfera, que protege a vida na Terra, atrapalha a observação do Universo. O advento da era espacial proporcionou um avanço enorme em nosso conhecimento sobre o Universo, já que foi possível realizar observações astronômicas livres da influência da atmosfera. Isso porque as ondas eletromagnéticas emitidas pelos astros interagem com os constituintes da atmosfera, causando efeitos altamente indesejáveis do ponto de vista do observador astronômico. Essa interação depende do comprimento de onda da radiação e pode fazer que haja absorção e espalhamento da luz vinda do espaço. Em razão dos movimentos turbulentos do ar, mesmo as radiações que não são absorvidas sofrem de alguma maneira a influência da atmosfera até chegar aos telescópios. É o mesmo fenômeno que explica que, quando olhamos as luzes de uma cidade ao longe, elas parecem tremer. A camada de ar entre as luzes da cidade e os nossos olhos tem diferentes temperaturas e se movimenta de forma desorganizada, o que faz que a onda associada à luz que se propaga seja perturbada a todo momento. Isso provoca o tremor da imagem que observamos, o chamado *seeing*. Assim, é fácil perceber que evitar a atmosfera ou tentar corrigir os efeitos que ela introduz nas observações é uma tarefa contínua dos astrônomos, na grande aventura de tentar desvendar os segredos da imensidão do espaço.

Uma solução imediata é tentar minimizar esses efeitos. Por isso, em geral, os grandes observatórios são instalados em montanhas altas para evitar a camada de vapor d'água e de aerossóis das regiões mais baixas da atmosfera. Uma extensão natural dessa estratégia é tentar subir ainda mais, ou seja, colocar os instrumentos de medição astronômica a bordo de balões, foguetes, satélites e naves espaciais. Em relação às naves espaciais, há uma motivação maior, que é poder aproximar-se o máximo possível dos objetos a serem observados e até mesmo chegar a eles, como no caso da Lua e de alguns dos planetas do Sistema Solar.

Antes de começarmos a descrever alguns dos desenvolvimentos tecnológicos que propiciaram ao Homem uma nova percepção do Universo, vamos fazer uma pequena viagem por esse maravilhoso mundo novo revelado pela tecnologia. Os desenvolvimentos da tecnologia de detecção da radiação eletromagnética e da engenharia espacial nos proporcionaram a chance de obter informações precisas e imagens belas sobre os astros, como algumas das que aparecem a seguir. Em Júpiter, o maior planeta do Sistema Solar, uma imagem no ultravioleta, obtida pelo Telescópio Espacial Hubble, revelou a existência de um fenômeno conhecido como aurora, tal qual acontece aqui na Terra, só que em escala muito maior. Isso jamais seria possível se novas técnicas de observação do céu nessa faixa de frequências não tivessem sido desenvolvidas.

JOHN T. CLARKE (U. MICHIGAN), ESA, NASA

FIGURA 5. AURORA EM JÚPITER: IMAGEM NO ULTRAVIOLETA.

Um enigma interessante envolve uma estrela situada nas bordas da Via Láctea, a cerca de 20.000 anos-luz de distância do Sol, e desafia os astrofísicos: a estrela variável V838 Monocerotis. Depois que uma explosão foi detectada em 2002, esse objeto enigmático lançou, juntamente com o material expelido para o meio interestelar, novas luzes para os astrofísicos entenderem mais detalhes sobre como as estrelas vivem e morrem. Quando a luz que ela emite atinge a camada de poeira que a envolve, sua aparência muda drasticamente e produz uma bela imagem, como a mostrada na FIGURA 6, antes impossível de ser apreciada apenas com os nossos olhos, sem o auxílio de potentes telescópios.

Em fevereiro de 1987, foi observada a explosão de uma estrela na Grande Nuvem de Magalhães, uma pequena galáxia vizinha da Via Láctea. Por estar a quase 170.000 anos-luz de distância, o brilho dessa explosão só foi notado cerca de 170 mil anos depois que esse evento efetivamente aconteceu, ou seja, percebemos em 1987

NASA AND THE HUBBLE HERITAGE TEAM (AURA/STSCI)

FIGURA 6. V838 MONOCEROTIS.

um evento que aconteceu há muitos milênios! Seu nome: SN1987A, ou seja, a primeira (A) supernova (SN) observada no ano de 1987. A estrela, que morreu de forma violenta, tinha massa vinte vezes maior que a do Sol. A FIGURA 7 foi obtida pelo Telescópio Espacial Hubble e mostra a região onde ocorreu essa explosão. A onda de choque que se segue à explosão continua se expandindo e colidindo com o material do meio interestelar, formando uma bela cena que, de certa forma, se parece com um colar de pérolas. Essas pérolas, na realidade, representam regiões do céu que estão aquecidas a milhões de graus Celsius por causa da interação da onda de choque com a matéria interestelar.

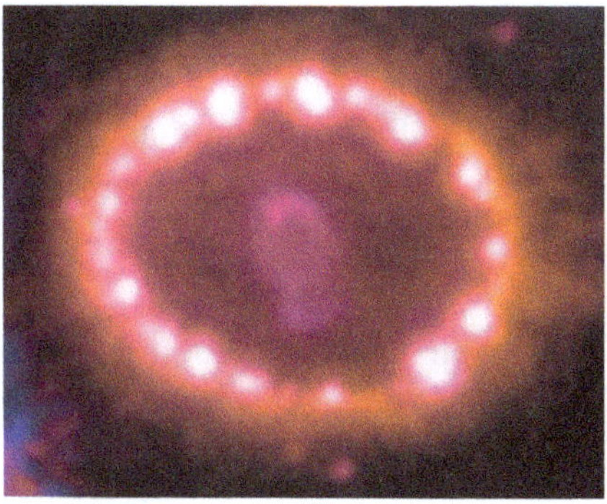

FIGURA 7. SUPERNOVA 1987A.

FIGURA 8. IMAGEM NO INFRAVERMELHO DA REGIÃO DO CENTRO DA VIA LÁCTEA.

A FIGURA 8 mostra uma região em torno do centro da nossa galáxia e foi obtida com uma câmara infraverme-lha construída por pesquisadores brasileiros. Ela está montada no telescópio de 60 cm de diâmetro do Laboratório Nacional de Astrofísica, em Minas Gerais. As regiões mais embebidas em poeira interestelar apresentam-se mais avermelhadas, como nas proximidades do Centro Galáctico, que aparece no centro da imagem. As estrelas azuladas são objetos relativamente mais próximos de nós. A região densamente povoada de estrelas no centro da imagem contém as fontes brilhantes IRS7 e IRS1, próximas do Centro Galáctico, que coincide com a posição da radiofonte Sgr A*. Essa câmara é capaz de obter imagens do céu no infravermelho próximo (ver TABELA 1 no Capítulo 1) e mostra belezas que os nossos olhos nos escondem.

A FIGURA 9 mostra um mapa da emissão de micro-ondas da Via Láctea obtida com o experimento Galactic Emission Mapping (GEM). A imagem foi construída com dados coletados em Cachoeira Paulista, SP, e exibe a emissão em micro-ondas na frequência de 1.465 MHZ oriunda da região central de nossa galáxia. Os nossos olhos não conseguem perceber as micro-ondas que chegam de várias regiões do Universo. A tecnologia conseguiu abrir mais essa janela, em frequências de rádio e micro-ondas, para que pudéssemos entender o cosmo.

Essas belas imagens e informações só foram obtidas porque várias pessoas se dedicaram incansavelmente nos laboratórios, durante anos, para desenvolver os instrumentos, as técnicas e os processos necessários para escrutinar em detalhes os céus e obter a maior quantidade possível de dados sobre o Universo. Desde a sua invenção, há aproximadamente quatrocentos anos, os telescópios astronômicos ópticos passaram por uma revolução tecnológica incrível. Saindo de uma produção totalmente artesanal e uma operação completamente manual, chegaram atualmente a um estágio em que praticamen-

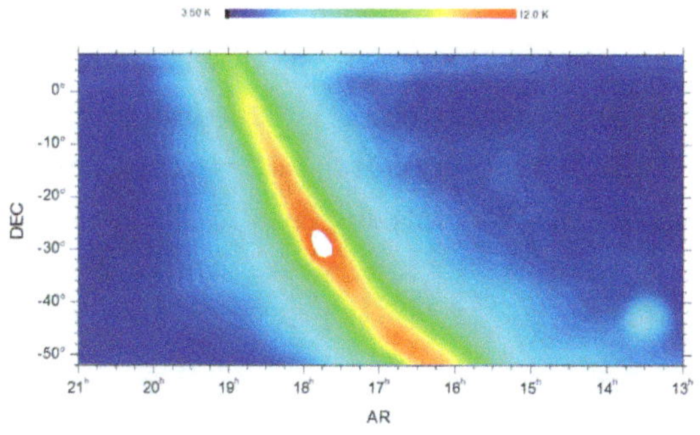

C. TELLO, INPE

FIGURA 9. IMAGEM EM MICRO-ONDAS DO CENTRO DA VIA LÁCTEA OBTIDA COM O TELESCÓPIO GEM EM CACHOEIRA PAULISTA, SP.

te foi eliminada a figura romântica do cientista que observa os céus por noites a fio através da ocular de uma luneta. Hoje em dia, não existem apenas telescópios ópticos, mas instrumentos que operam em todas as faixas do espectro eletromagnético e também observam partículas, tanto no solo como no espaço, utilizando computadores rapidíssimos, técnicas avançadas de engenharia mecânica, eletrônica, mecatrônica, computação, óptica de precisão, balões, foguetes, satélites e naves espaciais. Uma infinidade de outras tecnologias permeia o dia a dia do astrofísico. A Astronomia, mesmo sendo a ciência mais antiga, continua sendo uma das que mais contribuem para o desenvolvimento tecnológico, cujos desdobramentos aparecem nas mais variadas atividades humanas. No final do capítulo, descreveremos algumas das aplicações práticas que os desenvolvimentos induzidos pela Astronomia tiveram em nosso dia a dia.

De forma simplória, e considerando a situação até o ano de 2003, podemos fazer uma espécie de classificação das áreas da Astronomia que subiriam no pódio da corrida pela detecção de fontes cósmicas: a Astronomia óptica estaria em primeiro lugar disparado, com mais de um bilhão de fontes detectadas; em segundo, apareceria a Astronomia do infravermelho, com 162 milhões de objetos observados; em terceiro, a Radioastronomia, com mais de 3,3 milhões de fontes catalogadas; em quarto, a Astronomia de raios X, com aproximadamente quinhentos mil objetos; em quinto, a Astronomia do ultravioleta, com quase 37 mil fontes; e, na lanterna, a Astronomia de raios gama, com parcos 420 objetos detectados. Também de maneira simples, podemos dizer que a dificuldade de construir aparelhos para detectar as fontes cósmicas nas mais variadas faixas do espectro eletromagnético segue, mais ou menos, a ordem inversa da classificação anterior.

Para termos uma noção exata de como a evolução da tecnologia aumentou drasticamente o nosso conhecimento sobre o Universo para além do que os nossos olhos podem enxergar, compararemos alguns números recentes da Astronomia moderna. As primeiras fontes de raios gama foram descobertas em 1970 por experimentos realizados a bordo de balões e foguetes. Nessa época, apenas duas fontes de raios gama eram conhecidas e, mesmo assim, de forma precária, ou seja, eram poucas as informações sobre elas. Com a entrada em cena dos experimentos que operam a bordo de satélites, a situação se modificou radicalmente e essa quantidade, no começo da década de 1980, pulou para 25; dobrou em 1994; e praticamente triplicou dois anos depois. Em 1999, já haviam sido descobertas 309 fontes emissoras de raios gama e, em 2003, esse número chegou a 420. Um salto espetacular! Espera-se que por volta de 2008, com as observações do satélite Gamma-ray Large Area Space Telescope (GLAST), esse número chegue a onze mil!

Entretanto, se o leitor ficou impressionado com esses números, veja o que aconteceu com a Astronomia de raios X: até o início da década de 1960, a única fonte extraterrestre de raios X conhecida era o Sol, que foi detectado nessas frequências no final da década de 1940 por um experimento de foguete realizado nos Estados Unidos. Os foguetes eram os famosos V2, usados pelos alemães na Segunda Guerra Mundial para lançar bombas. Em 1962, as observações com foguetes revelaram a primeira fonte galáctica emissora de raios X: Scorpius X-1. Em 1970, com a ajuda de balões e foguetes, os astrônomos haviam descoberto cerca de sessenta fontes de raios X no céu. O primeiro satélite de raios X foi o Uhuru, lançado em 12 de setembro de 1970, dia do sétimo aniversário da independência do Quênia. A palavra *Uhuru* significa "liberdade" no dialeto "swahili", daí o nome do satélite. Em 1974, 160 fontes haviam sido catalogadas em razão das observações desse satélite. Dez anos depois, graças ao satélite HEAO A-1, esse número subiu para 840. Em 1990, os catálogos confeccionados com as observações dos satélites Einstein e EXOSAT já contabilizavam oito mil fontes emissoras de raios X. Uma década depois, houve um salto espetacular: o satélite ROSAT (do alemão *Röntgensatellit*, ou "satélite Röntgen"), que operou de 1º de junho de 1990 a 12 de fevereiro de 1999, aumentou esse número para 220 mil. Nada mais auspicioso, se considerarmos que o nome desse satélite foi dado em homenagem ao físico alemão Wilhelm Conrad Röntgen (1845-1923), que descobriu os raios X. Röntgen chamou os raios que descobriu de X porque não conhecia a origem deles; somente mais tarde, descobriu-se que se tratava de radiação eletromagnética com pequenos comprimentos de onda. Em 2003, com as observações dos satélites XMM-Newton e Chandra, chegamos ao patamar de meio milhão de fontes de raios X conhecidas no Universo, ou seja, em apenas três anos, o nosso conhecimento acerca dos objetos emissores de raios X mais do que dobrou. Um avanço extraordinário que só foi possível graças às novas tecnologias! E essa corrida pela obtenção de mais dados sobre as fontes de raios X ainda não parou. Espera-se que por volta do ano 2010 tenhamos detectado cerca de três milhões de fontes de raios X.

Começaremos nossa visita ao mundo da tecnologia pelos telescópios ópticos, acompanhando algumas das inovações e revoluções tecnológicas que mudaram a nossa visão do Universo. A razão para começarmos pela Astronomia óptica é óbvia: por ser a técnica mais antiga que o Homem utiliza para compreender o Universo, ela acumula vários resultados astronômicos importantes e, acima de tudo, está intimamente ligada à percepção direta que temos do mundo por causa dos nossos olhos. Depois, faremos um passeio rápido pelas inovações empregadas nas detecções de raios X e gama. Infelizmente, não será possível explorar todas as facetas tecnológicas envolvidas nessa fantástica viagem de descoberta do Universo.

O grande desafio tecnológico a ser vencido nas observações astronômicas ópticas, por via de regra em toda a Astronomia, é conseguir imagens de fontes cósmicas distantes com a melhor qualidade possível. Esta qualidade se traduz em revelar os detalhes dessas fontes, ou, em outras palavras, obter imagens com alta resolução angular. Porém o que vem a ser isso? A resolução angular de um telescópio (θ) (em radianos) é a capacidade que ele tem de distinguir dois pontos em uma dada fonte cósmica. Essa capacidade está relacionada com o tamanho, ou diâmetro (d), do espelho do telescópio e com o comprimento de onda (λ) em que a observação é feita. Para um dado comprimento de onda, quanto maior o espelho, mais detalhes da imagem podem ser revelados. Para um dado tamanho de espelho, quanto menor o comprimento de onda, melhor a qualidade da imagem. Ou seja, podemos calcular a capacidade que um telescópio tem de obter detalhes de uma dada região ou fonte astronômica calculando a razão entre o comprimento de onda em que essa observação é feita e o diâmetro da área coletora do telescópio, no caso o seu espelho. Esse conceito é expresso, portanto, pela relação:

$$\theta = \lambda / d.$$

Para tentar observar fontes cósmicas muito distantes, como os quasares, por exemplo, uma solução imediata é aumentar a área coletora do telescópio para melhor captar o fluxo emitido por esses objetos, ou seja, aumentar o tamanho dos espelhos para aumentar a sensibilidade dos telescópios. Aparentemente, com essa solução resolveríamos os dois problemas ao mesmo tempo: aumentaríamos a sensibilidade e a resolução angular do telescópio. Infelizmente, isso não acontece. Aumentar o tamanho do espelho não resolve o problema, à primeira vista contrariando o que a teoria nos mostra. O problema é que a atmosfera não permite essa melhoria. Mesmo nos melhores locais de observação, como as montanhas de grande altura, a atmosfera atrapalha as observações de tal forma que até os grandes telescópios têm dificuldade de obter imagens com resoluções muito melhores do que os telescópios de menores diâmetros.

Em virtude da influência da atmosfera, a qualidade das imagens ópticas é seriamente afetada. Em razão dos movimentos turbulentos das camadas de ar, a qualidade das imagens pode ser até cinquenta vezes pior do que o limite teórico calculado, usando a razão entre o comprimento de onda e o diâmetro do espelho. Portanto, resolver o problema que a atmosfera coloca para as observações astronômicas é um desafio constante para os astrônomos, já que informações preciosas sobre a natureza das fontes cósmicas podem simplesmente ser perdidas no pequeno caminho que a luz proveniente dos astros percorre na atmosfera terrestre.

Para resolver esse problema, além de tentar minimizar a influência da atmosfera, instalando os telescópios em grandes altitudes, e até mesmo no espaço, foram desenvolvidos sistemas automáticos que tentam corrigir os efeitos provocados pela atmosfera em tempo real, ou seja, no exato momento em que eles estão acontecendo. Dois fatores degradam as imagens astronômicas obtidas por grandes telescópios baseados no solo: um de origem atmosférica e outro de origem instrumental. Efeitos atmosféricos incluem turbulência, irregularidades de temperatura e pequenas mudanças no índice de refração do ar imediatamente acima do telescópio. Esses fatores mudam constantemente e de forma rápida e, além disso, o telescópio também amplifica os efeitos provocados pela atmosfera na imagem. Assim, o desafio é aumentar a área coletora e melhorar a resolução da imagem ao mesmo tempo! Para enfrentá-lo, alguns sistemas inteligentes foram produzidos, como os sistemas de óptica ativa e de óptica adaptativa.

Os sistemas de óptica ativa foram desenvolvidos para controlar os defeitos e as deformações da estrutura do telescópio por causa das variações de temperatura e da ação da gravidade. O telescópio é constantemente ajustado por mecanismos controlados por computador, que alteram a forma do espelho para tentar compensar as distorções na imagem causadas pelos efeitos já citados. O primeiro telescópio em que foi empregada de forma completa a técnica de óptica ativa foi o New Technology Telescope (NTT), que tem um espelho de 3,5 m de diâmetro. Esse telescópio, que faz parte do European Southern Observatory (ESO), no Chile, ficou pronto em 1989.

Já os sistemas de óptica adaptativa corrigem a degradação da imagem do telescópio causada pela turbulência atmosférica. Oriundos de tecnologia militar, esses sistemas melhoram a qualidade da imagem por meio de um monitoramento constante das condições pelas quais a luz passa até chegar ao telescópio. Isso é feito, geralmente, com o emprego de uma estrela de referência no campo de visão do telescópio ou uma estrela-guia artificial gerada por um *laser*. Um sensor analisa parte da luz vinda da estrela e envia essa informação para um computador que, por sua vez, envia comandos de correção para pequenos espelhos deformáveis próximos ao foco do telescópio. Até o momento, a tecnologia de óptica adaptativa está sendo utilizada apenas em uma pequena parte do campo de visão dos telescópios. Em breve, essa tecnologia será utilizada em campos de visão maiores.

O Brasil participa de dois consórcios para a utilização de telescópios de grande porte: o Gemini e o Southern Observatory for Astrophysical Research (SOAR). O Gemini, como o nome sugere, é um projeto que visa operar dois telescópios iguais de 8,3 m de diâmetro: um instalado no Hemisfério Norte, em Mauna Kea, no Havaí, e outro no Hemisfério Sul, em Cerro Pachón, no Chile. Esses telescópios usam as tecnologias citadas anteriormente. O SOAR utiliza o princípio de óptica ativa para controlar um espelho com diâmetro de 4,1 m e espessura de 10 cm. O SOAR funciona também em Cerro Pachón, a 500 m de distância do Gemini Sul.

A atmosfera foi a grande responsável pelo atraso no desenvolvimento da Astrofísica de Altas Energias, ou seja, da Astronomia de raios X e gama. Em virtude de essas radiações não atingirem a superfície terrestre, já que são absorvidas pela atmosfera, foi somente com o domínio das técnicas espaciais que esse ramo da Astronomia se desenvolveu. O primeiro telescópio capaz de fazer imagens do céu em raios X a ser colocado no espaço foi o Einstein, também conhecido como HEAO-2 (High-Energy Astronomical Observatory), que foi lançado em 1978. Recentemente, os satélites XMM-Newton e Chandra detectaram fontes de raios X milhões de vezes mais fracas que a Scorpius X-1, que foi a primeira fonte galáctica de raios X detectada. Isso aconteceu num período de aproximadamente quarenta anos e representa uma evolução fantástica da tecnologia de detecção da radiação X. Um caso interessante para ilustrar essa evolução é o Telescópio Chandra. Ele consegue separar em uma imagem do céu dois pontos que estão a aproximadamente um segundo de arco um do outro. Isso é importante para que seja possível localizar inequivocadamente as fontes de raios X e tentar identificá-las em outros comprimentos de onda. Em apenas quarenta anos de Astronomia de raios X, a resolução angular dos telescópios melhorou mais de dez mil vezes! Sem dúvida, um avanço notável.

Os raios gama não podem ser focalizados com lentes ou espelhos, como acontece em óptica. Portanto, várias técnicas para obter imagens em raios gama tiveram de ser desenvolvidas para contornar esse problema. Uma dessas técnicas é conhecida como máscara codificada e já foi empregada em vários instrumentos que voaram em balões estratosféricos e satélites. Essa técnica consiste em detectar a sombra de uma máscara colocada a certa distância da superfície do detector. A máscara é constituída por elementos opacos à radiação X e gama, geralmente feitos de chumbo, e por furos que deixam os fótons de raios gama atingir o detector. Os furos e os elementos de chumbo seguem um código matemático para formar essa máscara, de modo que a sombra dela na superfície do detector possa ser identificada de maneira única, daí o nome *máscara codificada*. Se apenas uma fonte se encontra no campo de visão do telescópio, a mudança da projeção da sombra no detector em relação ao eixo do telescópio permite a determinação da posição da fonte no céu. No caso de haver várias fontes, há uma sobreposição de sombras na superfície do detector, de forma que é preciso fazer uma análise mais cuidadosa para separar as sombras de cada fonte. A técnica de máscara codificada tem algumas vantagens, como permitir a observação de grandes áreas do céu com grande resolução angular, juntamente com o ruído de fundo. Além disso, permite que a subtração desse ruído da imagem final seja um processo quase perfeito.

Nos próximos capítulos, o leitor terá a oportunidade de conhecer um pouco mais sobre o misterioso Universo que os nossos olhos não veem, conhecendo algumas das descobertas da Radioastronomia e da Astrofísica de raios X e gama.

■

3 O universo em ondas de rádio e as micro-ondas cósmicas

Em 1931, o engenheiro americano Karl Jansky (1905-1950) abriu uma nova janela para a Astronomia: a possibilidade de observar as ondas de rádio emitidas pelos vários objetos e regiões que compõem o Universo. Essa nova janela provocou uma revolução em nosso conhecimento acerca da natureza das fontes cósmicas, revelando novas características de objetos e regiões cósmicas de que antes sequer desconfiávamos existir. Começamos a perceber, pela primeira vez, o Universo invisível aos nossos olhos. Uma verdadeira revolução, sem dúvida! Como várias descobertas científicas, Jansky, que trabalhava nos laboratórios da companhia Bell Telephone, nos EUA, descobriu, de forma acidental, que as ondas de rádio, iguais às que usamos para transmitir programas de rádio e de televisão e nos comunicar à distância, atingiam a Terra, vindas dos confins do Universo. Uma surpresa!

Jansky estava tentando resolver um problema da comunicação por telefone entre as cidades de Nova Iorque e Londres, que era frequentemente interrompida por ruídos aparentemente de origem atmosférica, quando, depois de eliminar as mais variadas possibilidades para a origem atmosférica desse problema, como tempestades, deparou com um ruído estranho. Depois de vários testes, ele, que estava operando um receptor em 20,5 MHZ, concluiu que a fonte desse ruído não tinha uma origem terrestre, mas era proveniente de uma região fixa do céu que mais tarde foi identificada como a região que engloba o centro da nossa galáxia. Estava inaugurada, assim, uma nova era na aventura do descobrimento do Universo. Como às vezes acontece com várias descobertas, a Radioastronomia, como ficou conhecida essa nova técnica de observar os céus, permaneceu um pouco sonolenta por vários anos, apesar de, em 1937, Grote Reber (1911-2002), outro engenheiro americano, ter construído um radiotelescópio com uma antena parabólica de 9,5 m no quintal de sua casa e de ter publicado os primeiros mapas do céu em rádio em 1944. Somente a partir do fim da Segunda Guerra Mundial é que essa nova técnica posta à disposição dos cientistas para escrutinar o Universo tornou-se fundamental para o avanço da Astronomia. Atualmente, a Radioastronomia é imprescindível para o astrofísico na sua luta constante para desvendar os segredos escondidos nos longínquos quasares, nas maravilhosas radiogaláxias e nas frias micro-ondas que carregam consigo o registro fóssil da origem do Universo.

Contudo, talvez o que faça da Radioastronomia uma arma realmente poderosa e, até certo ponto, surpreendente para a maioria das pessoas é o fato de que ela proporcionou ao Homem, pela primeira vez, a possibilidade de observar objetos cósmicos durante o dia! Isso mesmo. Apesar de o Sol ser uma estrela, sempre dizemos que só vemos estrelas à noite. Pois bem, com os novos olhos que a Radioastronomia nos deu, passamos a observar estrelas durante o dia também! Cabe aqui, entretanto, uma pequena ressalva: as estrelas que vemos no céu, em geral, não emitem sinais fortes em ondas de rádio, mas podemos detectar a emissão do gás que algumas delas expelem, isto é, o vento estelar. Todavia, as radiogaláxias e os quasares, por exemplo, podem ser observados durante o dia. Não utilizamos os nossos olhos nessas observações, mas os olhos de um radiotelescópio. Isso mudou de forma radical a nossa visão do Universo e passamos a compreender melhor a Natureza que nos cerca e, principalmente, a admirá-la de uma nova maneira. A tecnologia, que já havia nos proporcionado os telescópios com os quais pudemos enxergar mais longe e com mais detalhes, agora nos mostra uma realidade que não percebíamos com a nossa visão. A aventura da descoberta do Universo invisível começou com a Radioastronomia e continua até hoje com os avanços tecnológicos progredindo rapidamente na detecção de micro-ondas, infravermelho, ultravioleta, raios X, raios gama, raios cósmicos e neutrinos. Além de as técnicas de detecção de ondas eletromagnéticas e partículas terem melhorado substancialmente, a possibilidade de colocar esses novos instrumentos no espaço, onde a influência da atmosfera é minimizada e por vezes eliminada, ampliou de forma substancial os nossos horizontes nos últimos anos.

A tecnologia para a observação das ondas de rádio e micro-ondas emitidas por objetos e regiões do Universo evoluiu muito desde a simplória antena de Jansky, feita de fios esticados em suportes de madeira, até os dias de hoje, em que radiotelescópios de enormes dimensões que operam no solo e experimentos extremamente sensíveis a bordo de balões e satélites são capazes de registrar sinais de rádio de baixíssima intensidade, vindos de todas as regiões do Universo. Dentre as façanhas da Radioastronomia, podemos citar três descobertas que aumentaram substancialmente o nosso conhecimento sobre o Universo: os quasares, os pulsares e a Radiação Cósmica de Fundo em micro-ondas. Outra façanha interessante da Radioastronomia foi nos mostrar a estrutura da nossa própria galáxia. Com a observação das ondas de rádio emitidas pela Via Láctea, foi possível determinar a sua estrutura espiral. Utilizando apenas as observações ópticas, isso é muito difícil, porque as nuvens de poeira atrapalham essas medidas. O Sistema Solar está localizado em um dos braços da Via Láctea e isso praticamente inviabiliza a tentativa de determinar a forma da nossa galáxia com observações ópticas. No entanto, as ondas de rádio conseguem transpor essa barreira de poeira e nos mostram essa estrutura, já que elas não são absorvidas por essas nuvens.

Os quasares, nome cunhado da expressão em inglês *quasi-stellar* pelo astrônomo Hong Yee Chiu, são um dos componentes mais interessantes do Universo. Uma das principais características deles foi descoberta em 1963 por Maarten Schmidt (1929-), que revelou a existência de linhas de emissão no espectro da fonte 3C273 com grande deslocamento para o vermelho, indicando que essa fonte estava se afastando da Terra com uma velocidade da ordem de 16% da velocidade da luz. Na verdade, a descoberta dos quasares é um tanto quanto curiosa do ponto de vista histórico. Eles já haviam sido detectados em placas fotográficas de vários observatórios ópticos há algum tempo, mas os astrofísicos achavam que se tratavam de estrelas muito fracas da nossa própria galáxia. Por volta de 1960, descobriu-se que essas fontes misteriosas, e até mesmo desprezíveis, já que mesmo as mais brilhantes mal podem ser detectadas por telescópios ópticos usados pelos astrônomos amadores, eram fortes emissoras de ondas de rádio. Assim, surgiu uma grande dúvida: se essas fontes eram realmente estrelas, como poderiam emitir tanta potência em ondas de rádio? Sabia-se que fontes fortes de ondas de rádio eram galáxias, conhecidas como radiogaláxias, e não estrelas. Uma radiogaláxia típica, como o próprio nome indica, emite uma quantidade enorme de energia em forma de ondas de rádio. Uma fonte forte, por exemplo, pode emitir uma potência em rádio cerca de cem vezes maior que a nossa galáxia. Assim, ficava difícil admitir que uma estrela fraca, como parecia ser o caso das que haviam sido detectadas, pudesse emitir tanta potência em rádio. Logo, o apelido de "estrelas rádio" foi dado a esses novos integrantes do Universo, que mais tarde se revelariam ser uma das peças mais intrigantes e sensacionais da Natureza. Atualmente, sabe-se que nem todos os quasares são grandes emissores de ondas de rádio, porém todos têm em comum algumas características, como pequenas dimensões, e apresentam grandes deslocamentos para o vermelho, ou seja, estão a grandes distâncias. Além disso, vários deles apresentam grande variabilidade no seu brilho, que pode mudar em escalas de meses e até mesmo dias. Os quasares continuam sendo, mesmo hoje em dia, um dos maiores enigmas do Universo, já que, apesar do pequeno volume que ocupam no céu, emitem uma quantidade enorme de energia.

Outro episódio interessante ligado à Radioastronomia diz respeito à descoberta dos pulsares, que são estrelas de nêutrons que emitem sinal em intervalos de tempo bem determinados. O campo magnético de uma estrela de nêutrons é da ordem de um trilhão de vezes maior que o campo magnético da Terra! Eles foram descobertos por S. Jocelyn Bell (1943-) e Antony Hewish (1924-), em 1967, pesquisadores da Universidade de Cambridge, na Inglaterra. É curiosa a história dessa descoberta: Jocelyn Bell, na época, era estudante de doutorado em Astronomia, orientada por Antony Hewish, e não estava à procura dessas fontes, que sequer eram previstas teoricamente. Embora a existência de estrelas de nêutrons tivesse sido prevista na década de 1930 por Walter Baade (1893-1960), Fritz Zwicky (1898-1974) e Lev Landau (1908-1968), que idealizaram o que aconteceria com uma estrela de grande massa quando morresse, não se supunha que existissem pulsares, que, como se sabe hoje, são estrelas de nêutrons, com diâmetro da ordem de 15 km, que giram rapidamente.

Jocelyn investigava as flutuações na intensidade de ondas de rádio emitidas por quasares, quando deparou com um sinal pulsado, extremamente preciso, e ficou atônita sem saber a origem desses pulsos, que duravam algo em torno de um centésimo de segundo e se repetiam, precisamente, a cada 1,33731109 segundo. Era como um código Morse astronômico! O grupo de Cambridge chegou a pensar até na hipótese de esses sinais terem sido produzidos por inteligência extraterrestre, tanto que apelidaram esses objetos de *Little Green Men*, ou seja, o sinal seria proveniente de um local no Universo em que habitariam os "homenzinhos verdes", como eram conhecidos popularmente quaisquer possíveis candidatos a seres extraterrestres.

A dúvida logo foi dissipada quando um segundo pulsar foi detectado. Foi usado um argumento bastante lógico para acabar com a hipótese de esses sinais pulsados terem sido gerados por seres inteligentes extraterrestres. Observou-se que a pulsação também estava presente em uma grande faixa de frequências. Se alguma civilização extraterrestre estivesse tentando enviar sinais codificados através do meio interestelar, seria um desperdício espalhar a potência do sinal em várias frequências. Assim, tratou-se de arranjar explicações mais plausíveis para esses estranhos sinais. Logo, descobriu-se que essas fontes eram um dos prováveis fins da vida das estrelas e um novo ramo da pesquisa astrofísica teve início. Hoje, quase quarenta anos depois da descoberta do primeiro pulsar, já foram detectadas mais de 1.400 dessas fontes. Os pulsares são mais precisos que um relógio atômico e seus sinais pulsados, que são como um farol marítimo nos céus, são emitidos com uma precisão enorme!

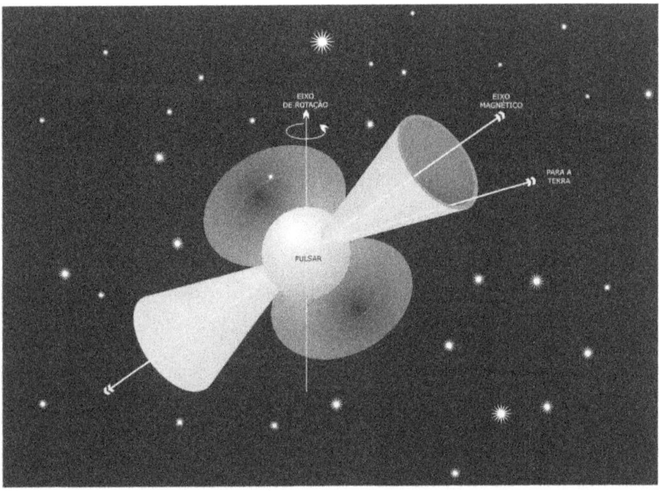

ILUSTRAÇÃO PARA ESTE LIVRO: SERGIO KON

FIGURA 10. DIAGRAMA ESQUEMÁTICO DE UM PULSAR.

A Radiação Cósmica de Fundo em micro-ondas (RCFM), as micro-ondas cósmicas, é um sinal eletromagnético que pode ser observado em todo o céu. É uma espécie de ruído que permeia todo o Universo. Ela atinge a Terra vinda de todas as direções e pode ser detectada, por exemplo, por um aparelho de TV: algo em torno de 3% do ruído eletromagnético recebido por um televisor deve-se à RCFM. Essa radiação é descrita por um espectro de corpo negro a uma temperatura de aproximadamente 2,7 K. Pode-se dizer, então, que a temperatura do Universo hoje é da ordem de 2,7 K, ou cerca de –270 °C. Uma temperatura muito baixa! Por ter essa temperatura, a RCFM tem intensidade máxima na faixa de micro-ondas do espectro eletromagnético. Ela está associada a uma época em que o Universo ainda era muito jovem (muito antes de surgirem as primeiras galáxias, estrelas ou planetas), quando a matéria era predominantemente constituída por prótons e elétrons, os quais formavam uma espécie de "gás primordial". Nessa época, a temperatura da RCFM era da ordem de 3.000 K, mas, com a expansão do Universo, essa temperatura diminuiu e hoje é de cerca de 2,7 K.

A RCFM é uma das mais importantes informações que temos sobre os primórdios do Universo e é amplamente utilizada no estudo da Cosmologia. A sua existência foi prevista por George Gamow (1904-1968), Ralph Alpher (1921-) e Robert Herman (1914-1997) no final da década de 1940, quando estudavam a origem dos elementos químicos e o estado da matéria no Universo primordial. Eles concluíram que deveria haver uma radiação que permeasse todo o Universo e que, hoje, teria uma temperatura entre 5 e 10 K. Essa radiação foi descoberta acidentalmente, em 1964, por Arno Penzias (1933-) e Robert Wilson (1936-). Esse caráter acidental da descoberta da RCFM lembra a revelação de Jansky de que o Universo emite ondas de rádio. Jansky deu início, sem querer, a uma nova era na Astronomia, e Penzias e Wilson, também sem querer, deram início a uma nova era na Cosmologia, abrindo caminhos para o entendimento da origem do Universo. Mais uma vez, as ondas que os nossos olhos não enxergam, no caso as micro-ondas cósmicas, nos ensinam coisas novas sobre a Natureza.

Penzias e Wilson, que trabalhavam nos Laboratórios da Bell Telephone, estavam preocupados em testar receptores para serem usados em medidas da emissão em micro-ondas da nossa galáxia, quando depararam com um ruído persistente que não desaparecia de forma alguma. Independentemente da região do céu para a qual apontavam a antena, do dia e da hora, o "excesso" de sinal que eles mediam era sempre o mesmo. Essas observações foram feitas no comprimento de onda de 7,35 cm e apontavam para uma temperatura da ordem de 3,5 K. Na época dessa descoberta, um grupo de astrofísicos da Universidade de Princeton, nos EUA, estava construindo um experimento para detectar essas micro-ondas cósmicas previstas por Gamow e seus colaboradores. Faziam parte desse grupo Robert H. Dicke (1916-1997), P. James Peebles (1935-), Peter G. Roll e David T. Wilkinson (1935-2002). Quando eles souberam dos resultados de Penzias e Wilson, perceberam imediatamente que o objetivo do experimento que estavam construindo já havia sido atingido. Os dois grupos decidiram publicar os resultados de seus trabalhos simultaneamente: Penzias e Wilson mostraram em um artigo as medidas, evitando dar qualquer interpretação cosmológica a elas, e Dicke e colaboradores assinaram o outro artigo, no qual afirmavam que a descoberta de Penzias e Wilson era a radiação produzida nos primórdios do Universo. Essa descoberta é considerada uma das mais importantes da história da Cosmologia e, por isso, Penzias e Wilson ganharam o Prêmio Nobel de Física de 1978.

O instrumento Far InfraRed Absolute Spectrophotometer (FIRAS), que era um dos experimentos que compunham o satélite COsmic Background Explorer (COBE), confirmou de forma espetacular, em 1990, que a RCFM possui um espectro de corpo negro quase perfeito. Essas medidas são impressionantes do ponto de vista observacional, já que os erros envolvidos são extremamente pequenos. Esse resultado tornou-se uma das mais fortes evidências a favor do modelo conhecido por *Hot Big Bang* e indica que a matéria e a radiação, quando o Universo era muito jovem, estavam em um estado de equilíbrio termodinâmico quase perfeito, ou seja, tinham a mesma temperatura, comprovando previsões teóricas.

Outro resultado espetacular obtido pelo COBE foi a descoberta de pequenas perturbações na distribuição angular de temperatura da RCFM no céu, que, de acordo com os modelos teóricos, estão ligadas à formação das estruturas hoje observadas no Universo. A detecção dessas flutuações de temperatura foi feita pelo experimento Differential Microwave Radiometer (DMR), em 1992. Essas flutuações são conhecidas como anisotropias na distribuição angular da RCFM, pois o que se observa é uma dependência da temperatura do céu com a direção de observação, ou seja, não há isotropia na distribuição de temperatura da RCFM no céu. O valor dessas anisotropias é extremamente baixo, da ordem de 10^{-5} K, o que impõe grande dificuldade observacional. Medir um sinal com intensidade tão baixa foi um dos maiores desafios astronômicos de todos os tempos. Essa descoberta teve um profundo impacto na Cosmologia, já que pela primeira vez foi detectada anisotropia intrínseca à RCFM, isto é, uma anisotropia que não estava ligada a nenhum efeito que fosse devido ao próprio observador ou a algum fenômeno que tenha ocorrido no Universo recentemente: ela revelava como era o Universo há quase catorze bilhões de anos! A detecção de flutuações de temperatura na RCFM é considerada uma das descobertas científicas mais importantes do século XX!

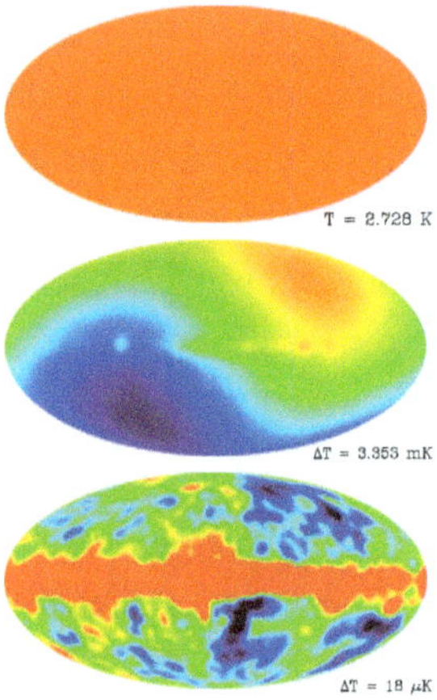

NASA/COBE

FIGURA 11. MAPAS DO CÉU EM MICRO-ONDAS (53 GHZ) PRODUZIDOS PELO EXPERIMENTO DMR (SATÉLITE COBE).

A FIGURA 11, construída com dados obtidos pelo experimento DMR a bordo do satélite COBE, mostra como é o céu em micro-ondas. Os mapas foram construídos em cores falsas, isto é, essas cores apenas nos ajudam a visualizar as medidas que os nossos olhos não veem e que foram feitas em micro-ondas. Se observado de forma superficial, como na primeira imagem de cima para baixo, o céu se apresenta totalmente uniforme em termos de temperatura, sem nenhuma estrutura aparente. Quando melhoramos a qualidade da medida por um fator mil, ele se apresenta como na figura do meio, com duas regiões de temperaturas claramente diferentes (uma laranja e outra azul), separadas de 180°. Esse efeito se deve ao nosso movimento em relação à RCFM, que provoca uma diferença de temperatura, da ordem de três milésimos de graus Celsius, entre duas direções do céu: num sentido a temperatura é maior, representada pela mancha de cor laranja, e no outro a temperatura é menor, que aparece na cor azul. Isso é parecido com o que acontece quando ouvimos o barulho de um carro que se aproxima de nós e depois se afasta. Nesse caso, em vez de um aumento de temperatura do carro, perceberíamos um aumento da frequência do barulho do seu motor (o som seria mais agudo) quando ele se aproxima de nós e uma diminuição dessa frequência (o som seria mais grave) quando ele se afasta. Esse efeito é conhecido como efeito Doppler e acontece sempre quando há movimento relativo entre um observador e a fonte de sinal. Como estamos nos movendo em relação à RCFM, o que observamos no céu é o resultado do efeito Doppler.

Este efeito é o resultado da velocidade da Via Láctea (a nossa galáxia) em relação ao sistema de coordenadas definido pela RCFM, que é de aproximadamente 600 km/s (ou cerca de 2.160.000 km/h) na direção da constelação de Leão. Quando descontamos esse efeito dos dados, o que resta é um mapa, mostrado na figura de baixo, com manchas representando regiões quentes e frias no céu; a faixa vermelha no meio do mapa representa a emissão em micro-ondas da nossa galáxia. Essas manchas têm temperaturas da ordem de centésimos de milésimos de graus Celsius e nos dão indicações sobre os processos físicos que ocorreram no início do Universo e que deram origem às estruturas de matéria que hoje observamos no céu, como aglomerados de galáxias, galáxias etc.

Vários outros experimentos foram realizados com o objetivo de medir, de forma cada vez mais precisa, a distribuição angular da RCFM. Um experimento realizado a bordo de um balão estratosférico, conhecido como HACME, e fruto de uma colaboração em que participavam o INPE, a Universidade Federal de Itajubá, em Minas Gerais, e a Universidade da Califórnia, em Santa Bárbara, EUA, detectou flutuações de temperatura na RCFM com uma precisão melhor do que a do COBE. A **FIGURA 12** mostra esses resultados. Experimentos como esse estão nos ajudando a montar o quebra-cabeça relacionado à formação das estruturas de matéria do Universo.

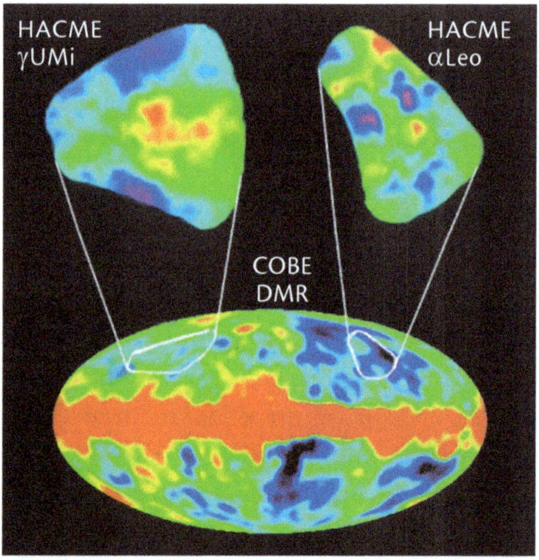

TEGMARK ET AL. 2000. *THE ASTROPHYSICAL JOURNAL*, 541, 535

FIGURA 12. MAPAS DA RCFM OBTIDOS PELO EXPERIMENTO HACME, QUE MOSTRAM FLUTUAÇÕES DE TEMPERATURA DE ALGUNS MICROKELVINS EM DUAS REGIÕES DO CÉU PRÓXIMAS DAS ESTRELAS γUMI E αLEO. A FIGURA MOSTRA UMA COMPARAÇÃO ENTRE ESSAS DUAS REGIÕES VISTAS PELO SATÉLITE COBE (MAPA INFERIOR) E PELO HACME (DUAS REGIÕES EXPANDIDAS NA PARTE SUPERIOR DA FIGURA).

O experimento Wilkinson Microwave Anisotropy Probe (WMAP), lançado em 30 de junho de 2001, representa mais um esforço dos astrofísicos para entender a origem do Universo. Representa também mais uma peça maravilhosa da tecnologia que é capaz de medir diferenças de temperatura da ordem de milionésimos de graus Celsius no céu. A sonda foi batizada em homenagem a David Wilkinson, pioneiro da pesquisa sobre a RCFM. Em 2003, foram divulgados os primeiros resultados do WMAP, que mostram flutuações de temperatura da ordem de alguns microkelvins na RCFM e que estão nos ajudando a ter uma ideia mais precisa dos processos físicos que foram responsáveis pela formação das estruturas que observamos hoje no Universo. O WMAP faz mapas do céu com uma sensibilidade 45 vezes melhor do que a do COBE. A resolução angular do WMAP é 33 vezes melhor que a do COBE, o que permite a obtenção de imagens mais detalhadas do Universo primordial. Espera-se que um novo satélite, chamado Planck, que deverá ser lançado pela Agência Espacial Europeia (ESA), consiga nos dar informações ainda mais precisas sobre a RCFM e nos ajude a entender os segredos da origem do Universo.

No infravermelho, novidades importantes já estão sendo anunciadas graças aos resultados do satélite Space InfraRed Telescope Facility (SIRTF), que foi lançado em 25 de agosto de 2003, e realiza observações entre os comprimentos de onda de 3 e 180 mícrons. O SIRTF é o último telescópio da série dos grandes observatórios, que inclui o Telescópio Espacial Hubble, o Compton Gamma-Ray Observatory e o Chandra. Esses instrumentos já proporcionaram um salto enorme em nosso conhecimento sobre o Universo. O SIRTF teve de ser resfriado a uma temperatura próxima do zero absoluto (ou cerca de –273 °C) para evitar que a emissão eletromagnética do próprio telescópio atrapalhasse as observações. Esse satélite foi rebatizado de Spitzer Space Telescope em homenagem ao astrofísico americano Lyman Spitzer Junior (1914-1997), que foi um dos pioneiros na realização de experimentos no espaço e o primeiro a propor que se colocasse um observatório astronômico em órbita ao redor da Terra, mais de uma década antes que o primeiro satélite fosse lançado ao espaço! Ele foi um dos grandes incentivadores da construção do Telescópio Espacial Hubble, lançado ao espaço 54 anos depois de sua sugestão de evitar os problemas da atmosfera colocando telescópios no espaço.

Como vimos, a Radioastronomia conseguiu, em pouco tempo, aumentar substancialmente o nosso conhecimento sobre o Universo em que vivemos: descobrimos novos astros e novos fenômenos no cosmo. No próximo capítulo, veremos que esse avanço científico acelerado também aconteceu em outras faixas do espectro eletromagnético e que a quantidade de informações acumuladas sobre o Universo está cada vez maior.

▪

4 Uma radiografia do céu: o Universo em raios X e gama

Como vimos nos capítulos anteriores, os nossos olhos parecem nos enganar quando tentamos desvendar o Universo em que vivemos. Estamos acostumados a ver a Natureza de uma forma que nos parece ser única, mas que, na verdade, está muito longe da realidade. O céu noturno parece ser extremamente calmo, com a Lua e as estrelas brilhando na imensidão do espaço, nos dando a impressão de uma paz extrema. Não imaginamos que essa pretensa paz está escondendo um cenário muito diferente daquele que seria apreciado com uma visão de raios X ou gama. O céu invisível não se parece com o céu visível! As ondas de rádio já nos haviam mostrado isso e agora vamos ver o que os raios X e gama nos ensinaram sobre esse maravilhoso Universo em que vivemos.

Se pudéssemos enxergar o céu em raios X e gama, veríamos um cenário completamente diferente daquele que estamos acostumados a contemplar: os pulsares do Caranguejo e Geminga, por exemplo, estariam entre as fontes cósmicas mais brilhantes do céu. Sírius, a estrela mais brilhante do céu no visível, e que é cerca de dez mil vezes mais brilhante que sua companheira, Sírius B, nessa faixa do espectro, em raios X seria ofuscada por ela. O cenário que veríamos incluiria fenômenos que a aparente calmaria cósmica que os nossos olhos veem nos esconde. As entranhas das regiões do espaço sideral, que não podem ser reveladas pelas observações nos comprimentos de onda da luz visível porque a poeira cósmica e o gás que permeiam o espaço entre as estrelas as impedem de serem vistas, apareceriam de forma espetacular no céu.

Em geral, a emissão de radiação de raios X e gama está associada a processos violentos que ocorrem no Universo. Esses processos estão associados a altas temperaturas, que são geralmente da ordem de milhões de graus Celsius. Os fótons de raios gama são cerca de mais de dez mil vezes mais energéticos do que os fótons de luz visível. Isso, como vimos, significa que eles têm comprimentos de onda muito menores do que os da luz visível. Por terem pequenos comprimentos de onda, eles conseguem atravessar grandes distâncias no Universo. Logo, os raios gama podem nos revelar segredos do Universo que, de outra forma, não poderíamos jamais saber.

Com a nossa visão de raios X proporcionada pelos modernos telescópios, descobrimos uma nova realidade no cosmo. Foi impressionante constatar que uma quantidade enorme de astros emite raios X, sejam os mais próximos de nós ou os mais afastados. Uma verdadeira surpresa! A começar pelo Sol, que no Sistema Solar é a fonte mais forte, vamos visitar outras localidades no Universo. A luminosidade do Sol em raios X é da ordem de 10^{27} erg s^{-1} ou 10^{20} watts. A título de comparação, a sua luminosidade óptica, que é aquela medida na faixa visível do espectro eletromagnético, é da ordem de 10^{26} watts, ou seja, a luminosidade do Sol em raios X é menor que a sua luminosidade no visível. Porém, isso não acontece com outros astros que compõem o Universo, como veremos mais adiante. Um astro vizinho da Terra, muito conhecido nosso, a Lua, também emite raios X. Planetas, como Vênus, Marte, Júpiter e Saturno, também são emissores dessa radiação, assim como alguns satélites de Júpiter. Por incrível que pareça, até mesmo alguns cometas emitem raios X!

Se olharmos para mais longe, nos domínios da Via Láctea, encontraremos um panorama totalmente diferente em termos de emissão de raios X. Alguns dos objetos que compõem a nossa galáxia, quando examinados com olhos de raios X, mostram os seus comportamentos mais exóticos. Na nossa galáxia, as fontes mais brilhantes em raios X são os restos de supernovas e os sistemas conhecidos como binárias de raios X. Esses sistemas, como o próprio nome já diz, são compostos de dois objetos. Um deles pode ser uma estrela de nêutrons ou um buraco negro; o outro é uma estrela normal. A estrela de nêutrons, ou o buraco negro, dependendo do sistema, suga matéria da estrela companheira. Esse fenômeno é que dá origem à emissão de raios X desses sistemas, uma vez que a matéria, ao ser acelerada a grandes velocidades e atingir altas temperaturas, emite radiação de alta energia. A luminosidade em raios X desses objetos pode atingir 10^{38} erg s^{-1}, ou seja, eles são 10^{11} vezes mais brilhantes do que o Sol no estado calmo. Uma grande variedade de objetos já foi detectada em raios X. Fontes como estrelas de nêutrons, estrelas anãs brancas e até objetos como nebulosas planetárias e regiões H II já tiveram suas características estudadas em raios X.

No Universo, as fontes mais luminosas em raios X são os aglomerados ricos de galáxias, ou seja, os que têm uma quantidade enorme de membros, da ordem de centenas de galáxias, e os núcleos ativos de galáxias, conhecidos como Active Galactic Nuclei (AGN). Esses dois tipos de objetos podem ter uma luminosidade em raios X da ordem de 10^{45} erg s^{-1}, que é cerca de 10^{18} vezes maior do que a luminosidade do Sol nessa faixa. A maioria das galáxias apresenta luminosidades bem mais baixas, da ordem de 10^{38} erg s^{-1} a 10^{42} erg s^{-1}. Os aglomerados de galáxias contêm enormes nuvens de gás cujas temperaturas atingem a casa de milhões de graus Celsius. Esse gás é invisível aos telescópios ópticos, mas é o responsável pela extraordinária quantidade de raios X emitida por esses aglomerados. É interessante notar que a maior parte da massa dos aglomerados de galáxias está concentrada nesse gás. Assim, as observações em altas energias nos permitem desvendar os mistérios dos aglomerados de galáxias.

Como vimos, o primeiro telescópio de raios X que observou o Sol voou a bordo de um foguete no final dos anos de 1940. Em 1963, e também com um experimento a bordo de um foguete, foi obtida a primeira imagem do Sol nessas energias. No início da década de 1970, um experimento a bordo do Skylab, que era uma estação orbital ao redor da Terra, obteve milhares de imagens que mostravam todo o disco solar. O leitor pode estar curioso por saber a razão da demora dos astrofísicos em construir um telescópio capaz de obter imagens do céu em raios X e gama, já que estamos acostumados a ver imagens do céu no visível há muito tempo. As fotografias de lindas galáxias, obtidas com antigas placas fotográficas nos grandes observatórios profissionais, e mesmo as igualmente bonitas imagens de vários tipos de objetos cósmicos, feitas por astrônomos amadores, deixam no ar essa curiosidade. A razão para essa demora tem, naturalmente, uma explicação: é muito difícil construir um instrumento capaz de obter imagens em raios X e gama, seja do céu, seja de qualquer objeto aqui na Terra, porque os raios X e gama interagem com a matéria de que o instrumento é feito. É um fenômeno que ocorre por causa do pequeno comprimento de onda da radiação X e gama.

Há vários objetos e fenômenos interessantes em todo o Universo, cujas características podem ser desvendadas se os observarmos em raios X e gama. A imagem da FIGURA 13 foi obtida pelo telescópio espacial de raios X conhecido como Chandra. O nome desse satélite foi dado em homenagem ao astrofísico indiano, naturalizado americano, Subrahmanyan Chandrasekhar (1910-1995), que era conhecido como Chandra. Dentre os argumentos usados para batizar esse experimento, há a curiosidade de que, em sânscrito (língua falada na Índia), Chandra significa "lua" e também pode ter a conotação de "luminoso". Portanto, houve uma feliz coincidência ao rebatizar o Advanced X-ray Facility (AXAF antigo nome do "Chandra"), já que foi possível homenagear um astrofísico brilhante, como Chandrasekhar, com uma palavra que, na língua dele, tem um significado relacionado à Astrofísica e ao seu talento! Essa imagem mostra a colisão de duas galáxias. Podem ser vistas várias fontes de raios X brilhando como pequenos pontos entre bolhas de gás com temperaturas da ordem de milhões de graus Celsius.

Um dos maiores mistérios da Natureza, os buracos negros são como monstros que nunca foram vistos diretamente. Justamente por isso, eles aguçam a imaginação dos astrofísicos que estão ansiosos para decifrar seus segredos. As características da emissão eletromagnética associada à presença desses misteriosos objetos celestes em várias regiões do espaço têm sido cada vez mais des-

FIGURA 13. IMAGEM EM RAIOS X DE GALÁXIAS (ANTENNAE) OBTIDA COM O TELESCÓPIO CHANDRA.

vendadas pelas observações em altas energias. No entanto, alguns fatos ainda causam surpresa aos cientistas, por exemplo as cintilações extremamente rápidas, da ordem de 450 vezes por segundo, do gás que envolve um buraco negro. Os buracos negros, apesar de não serem observados diretamente, têm suas influências, no meio em que estão, devidamente registradas pela emissão de raios X e gama das fontes vizinhas.

Um grande enigma ainda desafia a Astrofísica moderna: misteriosas explosões cósmicas que produzem uma quantidade enorme de raios gama e acontecem a qualquer tempo e em qualquer lugar no Universo. Em média, ocorre uma explosão dessas a cada um ou dois dias. Essas enigmáticas explosões são os fenômenos cósmicos que emitem a maior quantidade de energia por intervalo de tempo no Universo. Uma única explosão pode gerar, por exemplo, mais energia do que o Sol emitirá em dez bilhões de anos, que é o tempo estimado de toda a sua vida! Essas explosões são também muito mais energéticas do que qualquer explosão de supernova, a morte violenta de estrelas de grande massa. Conhecidas como Gamma-Ray Burst (GRB), "explosão de raios gama", essas fontes são fascinantes do ponto de vista científico, já que a liberação de energia envolvida nesses eventos é da ordem de grandeza da quantidade de energia que a Via Láctea, a galáxia onde vivemos, com suas cem bilhões de estrelas, emite em cem anos.

Os GRBs foram descobertos de forma acidental na década de 1960 por satélites militares dos EUA. Esses satélites, da série Vela, vasculhavam os céus à procura de possíveis indícios de testes de armas nucleares, principalmente os realizados pela antiga União Soviética. Apesar de essa época ser conhecida como a "era da Guerra Fria", o fenômeno que esses satélites descobriram não tem nada de baixas temperaturas: muito pelo contrário, ele envolve as mais altas temperaturas e energias que podemos observar atualmente no Universo. O espectro da emissão de radiação eletromagnética dessas explosões, ou seja, a distribuição de intensidade dessa emissão em função da frequência, indica que essa emissão não é em razão de gases aquecidos a temperaturas da ordem de centenas de milhões de graus, como acontece com várias fontes astrofísicas. Algum outro mecanismo físico, muito mais energético do que essa emissão térmica de gás, ou seja, que envolve temperaturas bem maiores, parece ser o responsável por esse fenômeno cósmico de proporções catastróficas. Essas explosões apresentam outro comportamento também muito estranho: a maioria delas, 70%, dura mais do que dois segundos e o restante, dois segundos ou menos.

O esforço dos astrofísicos para entender o problema relativo aos GRBs tem sido recompensado com novos dados produzidos por missões espaciais. Lançado no início da década de 1990, o Observatório Compton de Raios Gama (CGRO, da sigla em inglês Compton Gamma--Ray Observatory) produziu uma quantidade enorme de informações sobre esse fenômeno impressionante que acontece no céu. Pela primeira vez, foi feito um mapa que mostrava a distribuição espacial dos GRBs na esfera celeste, indicando que não há nenhuma região privilegiada no Universo para que esses fenômenos ocorram. Outros observatórios espaciais, como o satélite BeppoSAX, também ajudaram os astrofísicos a tentar resolver esse mistério. O BeppoSAX foi construído com o objetivo de estudar a emissão de raios X proveniente de objetos na nossa galáxia e também em outras galáxias. O seu nome veio da junção da expressão em italiano Satellite per Astronomia X (Satélite para Astronomia de Raios X) com o nome do cientista Giuseppe Occhialini (1907-1993), que era conhecido como Beppo e que foi um dos pioneiros da pesquisa espacial. O BeppoSAX foi lançado em 30 de abril de 1996 e desligado em 30 de abril de 2002. Um ano depois, em 29 de abril de 2003, caiu na superfície terrestre, nas proximidades das Ilhas Galápagos. Esse satélite foi construído pela Itália e Holanda, e durante o período em que esteve em operação descobriu 130 novas fontes cósmicas de raios X, e metade delas estava associada ao fenômeno GRB e a outra metade, a estrelas da nossa galáxia. Graças a suas observações, mais de cinquenta GRBs puderam ser localizados. Lançado em 29 de março de 2003, o experimento HETE-2 (do inglês High Energy Transient Explorer) é um satélite científico de pequeno porte que foi projetado para detectar e localizar

GRBs. Ele envolve uma grande colaboração internacional da qual o INPE, no Brasil, também faz parte, com uma estação de recepção de dados em Natal, RN. Quando um GRB é detectado pelo HETE-2, suas coordenadas celestes são enviadas para observatórios no solo que têm, assim, a chance de tentar obter informações adicionais sobre as fases iniciais da explosão.

Os fenômenos que geram os GRBs não foram ainda claramente determinados. Uma quantidade enorme de categorias de objetos cósmicos apareceu como hipótese nos últimos anos. Em virtude das recentes observações, o cerco aos responsáveis por essas explosões está ficando cada vez mais intenso e, atualmente, supõe-se que esse fenômeno ocorra por causa da morte violenta de estrelas que contêm grande quantidade de massa e que apresentam um movimento de rotação muito grande ao redor do próprio eixo. Essas estrelas provocam, no fim de suas vidas, um fenômeno conhecido por hipernova, que é quando o seu núcleo central colapsa de forma violenta, liberando energia da ordem de 10^{52} erg. Esse colapso pode dar origem a um buraco negro que conteria um disco espesso de material ao seu redor e seria o responsável pelos GRBs que duram vários segundos. Os GRBs com duração de um segundo ou menos seriam o resultado da colisão de duas estrelas de nêutrons, cujo resultado seria um buraco negro. Por sorte, até hoje não aconteceu nenhum GRB na nossa galáxia cuja emissão estivesse direcionada para nós. Se um dia acontecer esse infortúnio, veremos o brilho da explosão com uma intensidade equivalente ao brilho do Sol. Infelizmente, logo depois morreríamos, já que a quantidade de energia em forma de raios gama que atingiria a Terra seria suficiente para destruir a vida em nosso planeta.

Continuando a nossa aventura pelo mundo da Astrofísica de raios X e gama, descobrimos um objeto extremamente denso que faz parte da grande família de astros que compõem o Universo em que vivemos. Ele é tão denso que não temos nem como compará-lo a qualquer objeto aqui na Terra. Seu nome: estrela de nêutrons. Uma estrela de nêutrons é o resultado do que restou de uma estrela de grande massa (mais de oito vezes a massa do Sol) que morreu vítima de uma catástrofe cósmica em que a força gravitacional venceu de forma avassaladora a força que sua fornalha nuclear fazia para contrabalançar o colapso gravitacional. A batalha foi tão violenta que o material que sobrou da estrela foi espremido num pequeno volume. Para o leitor ter uma ideia das grandezas a que estamos nos referindo, pode lembrar que a matéria com que estamos acostumados a lidar aqui na Terra, como os átomos do nosso corpo ou os que compõem as pedras, por exemplo, é feita de prótons e nêutrons, que formam o núcleo dos átomos, e de elétrons, que giram ao redor desse núcleo. A massa e o tamanho dos elétrons são desprezíveis em relação às massas e aos tamanhos de prótons e nêutrons. O núcleo contém quase toda a massa do átomo (bem mais do que 99,9% do total da massa do átomo). O tamanho do átomo é definido pelo tamanho da nuvem eletrônica que envolve o núcleo, já que o núcleo tem um diâmetro cem mil vezes menor que o diâmetro da nuvem eletrônica. Dessa forma, fica fácil ver que o volume que um átomo ocupa tem, na verdade, muito espaço vazio!

Assim, quando tocamos uma mesa de madeira ou tentamos esculpir uma estátua num bloco de pedra, que são corpos que parecem ser altamente densos, o que encontramos, na verdade, é uma nuvem de elétrons se movendo nessa região vazia de forma tão rápida que não percebemos esse vazio. E se pudéssemos acabar com esse espaço vazio entre os átomos e preenchê-lo com matéria? A densidade desses corpos iria, obviamente, aumentar até que todo o espaço em que os elétrons se movimentam fosse completamente ocupado por matéria. Poderíamos, por exemplo, comprimir toda a matéria de três navios cargueiros em um volume de aproximadamente 1 cm^3, ou seja, do tamanho de um pequeno dado usado nos jogos infantis. Pois bem, objetos com essa densidade existem no Universo! Entender esses objetos utilizando apenas as informações que os nossos olhos conseguem observar seria impossível. No entanto, as observações em raios X têm um papel fundamental na solução de mais esse enigma da Natureza.

As estrelas anãs brancas e as nebulosas planetárias também tiveram algumas de suas características desvendadas pelas observações em raios X. Durante a sua vida, uma estrela passa por várias fases e o seu tamanho e composição química mudam à medida que o tempo passa e ela evolui. Dependendo de sua massa inicial, uma estrela pode virar uma anã branca. Ela tem esse nome porque, além de ser muito pequena, tem uma temperatura de superfície da ordem de 20.000 °C, tendo, portanto, uma aparência branca, ou seja, apareceria para nós como uma estrela branca. É muito difícil observar as anãs brancas, porque elas esfriam rapidamente. Porém, quando são jovens, elas produzem raios X. Assim, uma radiografia dessas estrelas na sua fase inicial pode fornecer informações importantes sobre sua natureza e sobre suas etapas de evolução.

Uma estrela anã branca típica tem a massa do Sol comprimida num volume comparável ao da Terra. Essa compressão acontece, por exemplo, quando, depois de passar por uma fase chamada de gigante vermelha, uma estrela de grande massa expele sua camada mais externa e fica com um núcleo muito quente. Nessa fase, ela é conhecida como uma estrela do tipo Wolf-Rayet e tem uma temperatura da ordem de 50.000 °C na sua superfície. Essa fase da vida de estrelas de grande massa tem esse nome em homenagem aos astrofísicos franceses Charles J. E. Wolf (1827-1918) e Georges A. P. Rayet (1839-1906), que, em 1867, observaram essas estrelas pela primeira vez. Aliás, aqui cabe um comentário curioso: a emissão dessas estrelas representa o primeiro raio *laser* observado! Isso mesmo: elas foram observadas quase cem anos antes que o primeiro *laser* óptico fosse construído. Como vemos, podemos aprender muita coisa que pode ser aplicada aqui na Terra estudando as maravilhas espalhadas pela Natureza nos céus.

Em consequência dessa temperatura, as camadas que restaram da estrela Wolf-Rayet são também expelidas numa velocidade incrível que pode atingir 6.000.000 km/h. Essa expulsão de matéria chama-se vento estelar. Quando esse vento atinge a camada da atmosfera que foi inicialmente expelida pela estrela na fase de gigante vermelha, e que se move numa velocidade menor que a do vento estelar da fase Wolf-Rayet, o choque provoca um aquecimento no gás que forma o material expelido, que pode chegar a vários milhões de graus Celsius. Isso gera uma emissão de raios X. Dessa forma, é possível ver com mais detalhes, observando em raios X, algumas nebulosas planetárias, que são o resultado dessa interação entre o vento estelar da estrela Wolf-Rayet e a atmosfera da estrela gigante vermelha. Depois de um milhão de anos, aproximadamente, a estrela Wolf-Rayet colapsa. Nessa fase, acontece uma coisa incrível: o que restou do material da estrela, descontando o que foi expelido na fase de gigante vermelha, é comprimido em um volume de cerca de um milionésimo do tamanho da estrela original! Em termos de comparação, se pudéssemos pegar uma colherinha de café cheia com o material de uma estrela anã branca, ela pesaria cerca de uma tonelada aqui na Terra!

Daí apareceu a grande dúvida: como isso é possível? O grande mistério que se apresentava para os astrofísicos era entender como uma estrela anã branca podia se manter intacta, ou seja, sem colapsar, depois que a sua capacidade de produzir energia nuclear para contrabalançar a força gravitacional que a impele ao colapso havia diminuído drasticamente. O mistério foi resolvido com a descoberta de que os elétrons que compõem os átomos poderiam dar conta do recado, impedindo um colapso definitivo da estrela por meio de um processo conhecido como pressão de degenerescência. De acordo com a Física Quântica, quando a matéria se encontra em estados de alta densidade, ela pode produzir um novo tipo de pressão que não havia, até então, sido observado aqui na Terra: a pressão de degenerescência.

Comumente, para explicar esse fenômeno, recorre-se a uma analogia entre o que acontece no interior do átomo e em um pátio de estacionamento de carros. À medida que as melhores vagas vão sendo ocupadas, os motoristas que chegam mais tarde passam a circular mais dentro do local, em busca de vagas. Quando há muitos carros e poucas vagas, cria-se uma competição por vagas; muitas vezes os carros acabam estacionados em locais impróprios. Fato similar acontece no interior dos átomos. Quando a matéria se encontra em um estado de alta densidade, todos os níveis atômicos de mais baixa energia são preenchidos e os elétrons são forçados a procurar outros níveis mais energéticos, mesmo não tendo energia para ocupá-los. Isso gera pressão. Como os níveis ocupados não são os níveis que eles deveriam ocupar, esses estados são chamados de estados degenerados. Daí o nome pressão de degenerescência. Tal situação explica porque uma estrela anã branca não colapsa mesmo depois que a sua produção de energia nuclear praticamente cessa.

Isso pode acontecer em sistemas binários em que a estrela companheira da estrela anã branca transfere matéria para ela. A matéria que está sendo transferida é aquecida nesse processo e ganha energia, de modo que o gás nas proximidades da anã branca seja aquecido a temperaturas da ordem de milhões de graus Celsius e emita raios X. Estudando essa emissão de raios X, podemos calcular a massa da anã branca e o seu período de rotação, por exemplo. Em alguns casos, a matéria que se acumula na superfície da anã branca se torna tão densa e quente que propicia a ignição de reações termonucleares, de maneira que a estrela aumente seu brilho mais de dez mil vezes, expulsando as camadas exteriores. Esse evento pode ser recorrente, ou seja, ele pode acontecer várias vezes. As observações em raios X de fenômenos como esse mudaram a nossa visão sobre a fase final de vida das estrelas, mostrando que essa etapa é ainda cheia de mistérios, algo que a nossa visão limitada no visível nos escondeu por muito tempo!

Lançado em 10 de dezembro de 1999, da base de Khouru, na Guiana Francesa, e construído pela Agência Espacial Europeia (ESA, do inglês European Space Agency), o satélite XMM-Newton (do inglês X-ray Multi-Mirror Mission, acrescido do sobrenome de Isaac Newton, físico britânico do século XVII) foi concebido para ser uma espécie de complemento do satélite Chandra. Dessa forma, combinando a capacidade deste para produzir imagens em raios X de alta resolução com a capacidade do XMM-Newton para detectar fontes fracas, podem-se obter resultados extremamente interessantes do ponto de vista astrofísico, como é o caso dos eventos que envolvem o nascimento e a morte das estrelas. À medida que o Chandra consegue obter imagens de alta resolução de estrelas recém-nascidas e de supernovas, o XMM-Newton pode armazenar uma quantidade enorme desses fótons, o que nos permite estudar a temperatura e a velocidade do gás nesses objetos. O satélite Rossi X-ray Timing Explorer (RXTE) foi lançado em 30 de dezembro de 1995 com o objetivo de estudar fontes que emitem raios X. O satélite opera entre 2 e 200 keV. Seu objetivo é fazer medidas extremamente precisas da variabilidade da emissão de raios X dessas fontes em intervalos de tempo que variam entre alguns milésimos de segundo e anos. O nome do satélite foi uma homenagem ao astrofísico Bruno Rossi (1905-1993), um dos pioneiros da pesquisa em astrofísica de altas energias. O satélite europeu do INTErnational Gamma-Ray Astrophysics Laboratory (INTEGRAL) foi lançado em 17 de outubro de 2002 com a missão de obter imagens e espectros de fontes de raios gama. Leva a bordo quatro instrumentos: Imager on Board the INTEGRAL Satellite (IBIS), SPectrometer on INTEGRAL (SPI), Joint European X-ray Monitor (JEM-X) e Optical Monitoring Camera (OMC); como os nomes indicam, o JEM funciona na região de raios X, e o OMC opera na região visível do espectro. A ideia é combinar os dados em diferentes bandas do espectro para entender os mecanismos físicos responsáveis pela emissão de altas energias de fontes cósmicas. Esse satélite foi o responsável por um fato extraordinário: pela primeira vez, em 25 de novembro de 2002, um GRB foi observado em detalhes por um instrumento capaz de obter imagens em raios gama.

O futuro da Astrofísica de Altas Energias é brilhante. Nada menos do que três missões espaciais de grande porte serão lançadas nos próximos anos: o Astro-E2, o GLAST e o Swift. Em geral, essas missões são realizadas por meio de cooperações internacionais, uma vez que a quantidade de recursos envolvida, tanto humanos como financeiros, é muito grande.

▪

5 O Universo revelado pelas partículas elementares

O entendimento acerca do Universo em que vivemos pode ser ampliado e modificado, ainda mais com a observação de outros componentes, tais como as partículas (raios cósmicos, neutrinos) e as ondas gravitacionais propostas por Albert Einstein (1879-1955) em 1916. O terceiro milênio inicia uma era completamente nova para a Astronomia, na qual o que se observará não será apenas a radiação eletromagnética propriamente dita, como as ondas de rádio, a luz visível, a luz infravermelha, os raios X e os raios gama, mas também partículas extremamente energéticas que podem mudar a nossa concepção de Universo, levantando questões fundamentais sobre que tipos de eventos, ocorridos no Universo primordial, poderiam tê-las produzido.

Para esse intento, vários experimentos foram propostos, nos quatro cantos da Terra e do espaço, por centenas de físicos do mundo inteiro, visando entender as informações que vêm do espaço na forma dos enigmáticos raios cósmicos, das imperceptíveis ondas gravitacionais e dos fantasmagóricos neutrinos.

Vamos iniciar contando o que se faz no Observatório de Raios Cósmicos Pierre Auger, Argentina. Posteriormente, vamos falar sobre os projetos que visam à detecção e ao estudo de ondas gravitacionais, citando dois projetos baseados no fenômeno de interferometria. Um deles conhecido por Laser Interferometer Gravitational-wave Observatory (LIGO), que é operado por cientistas do California Institute of Technology (Caltech) e do Massachusetts Institute of Technology (MIT), baseado em dois laboratórios em terra firme, ambos nos Estados Unidos. O outro projeto, conhecido como Laser Interferometer Space Antenna (LISA), é uma antena espacial que será financiada pela European Space Agency (ESA) e pela NASA. O Brasil também tem um projeto de detecção de ondas gravitacionais denominado Mario Schenberg, que está sendo construído no Estado de São Paulo.

Terminaremos o capítulo com os fenômenos relacionados à física de neutrinos, partículas quase invisíveis, pois são completamente desprovidas de carga e têm massas muito pequenas ainda desconhecidas. Essas partículas são exploradas pelo gigantesco projeto japonês Super Kamiokande e o KEK.

Raios cósmicos

Os raios cósmicos são partículas muito energéticas provenientes do espaço, que, ao serem filtradas pela atmosfera terrestre, produzem partículas secundárias. Ao atravessarem a atmosfera, os raios cósmicos, por serem muito energéticos, ionizam as moléculas que a constituem e, assim, podemos estudá-los. Há várias razões pelas quais eles são importantes. Há raios cósmicos provenientes do Sol, por exemplo, que se originam na sua cromosfera e parecem estar intimamente ligados ao fenômeno de emissão de fulgurações (ou "flares") solares. Os raios cósmicos podem modificar o clima global da Terra, pois a ionização catalisa a formação de nuvens na parte superior da atmosfera. São ainda responsáveis pelo belíssimo fenômeno da Aurora Boreal – enormes cortinas e correntes de luz exibindo cores fascinantes que aparecem especialmente no céu do Hemisfério Norte. Quando os raios cósmicos interagem com o campo magnético terrestre, algumas partículas são capturadas e seguem o curso das linhas do campo magnético em direção à ionosfera (conjunto das camadas atmosféricas que estão acima de 80 km da superfície da Terra). Ao encontrarem os gases da ionosfera, essas partículas brilham, produzindo esse fenômeno fantástico conhecido por Aurora Boreal. A variedade de cores que aparecem deve-se aos diferentes gases existentes na ionosfera.

Embora saibamos explicar os efeitos dos raios cósmicos solares sobre a atmosfera terrestre, pouco se conhece sobre a origem dos raios cósmicos mais energéticos vindos de distâncias cosmológicas. Sua energia característica está acima de 10^{19} eV, chegando a 10^{20} eV. Para que o leitor possa ter uma ideia de quão energéticos são os raios cósmicos, convém lembrar que o acelerador de partículas mais potente que o ser humano já construiu consegue chegar a energias da ordem de 10^{12} eV, isto é, os raios cósmicos são cem milhões de vezes mais energéticos.

Os raios cósmicos são, então, partículas extremamente energéticas que penetram a atmosfera. Sabemos também que tanto núcleons (prótons e nêutrons constituintes do núcleo atômico) como núcleos perdem suas energias depois de percorrerem cerca de 100 Mpc (megaparsecs), interagindo com a Radiação Cósmica de Fundo em micro-ondas. Por sua vez, essas partículas podem alcançar velocidades enormes, pois elas são aceleradas por campos magnéticos aprisionados em nuvens magnetizadas em movimento pela galáxia ou, ainda, pelas correntes de campos magnéticos provocados pela explosão de uma supernova. Qual será então o mecanismo natural que permite que essas partículas tão pequenas atinjam energias tão grandes?

Descobertos em 1912 por Victor Hess (1883-1964), por intermédio de detectores colocados em um balão a 5.000 m de altitude, os raios cósmicos, chamados inicialmente de "radiação penetrante", se tornaram um dos grandes mistérios a serem resolvidos no século XX. Em 1938, o físico francês Pierre Auger (1899-1993), posicionando seus detectores na região dos Alpes, percebeu que dois deles, distantes entre si poucos metros, detectaram sinais que chegavam ao mesmo tempo, caracterizando o que hoje chamamos de "chuveiros atmosféricos extensos", com energia da ordem de 10^{15} eV. Em 1962, cinquenta anos depois da primeira observação, John Linsley (1925-2002) e colaboradores descobriram em Rancho Volcano, Novo México, EUA, o primeiro raio cósmico com a intrigante energia de 10^{20} eV.

Para resolver esse antigo mistério, mais de 250 cientistas de mais de quinze países juntaram seus conhecimentos e seus esforços para construir um observatório que tentará explicar de que forma a Natureza permite a existência de partículas tão energéticas. Esse observatório, conhecido por Observatório de Raios Cósmicos Pierre Auger, está sendo construído perto da cidade de Malargüe, ao pé das montanhas andinas da província de

Mendonza, Argentina, onde as condições climáticas e a ausência de poluição favorecem as observações.

Verdadeiros mensageiros do cosmo, quanto mais energéticos os raios cósmicos, mais raros eles são – se a energia incidente for de 10^{19} eV, apenas uma partícula por quilômetro quadrado atinge a Terra por ano! Se a energia for dez vezes maior, ou seja, 10^{20} eV, apenas uma por quilômetro quadrado chega ao nosso solo por século! Assim, para poder captar o maior número de raios cósmicos possível, os cientistas planejaram construir 1.600 detectores em uma área de 3.000 km^2. É como se preparassem uma gigantesca janela espacial através da qual será possível descortinar, com lentes amplificadoras, essas partículas pequeninas que viajam o cosmo e penetram violentamente na atmosfera terrestre.

Quando um raio cósmico primário penetra na atmosfera, ele colide tão violentamente com partículas existentes na atmosfera que se observa um fenômeno muito interessante: uma intensa produção de partículas secundárias, como se fosse um verdadeiro chuveiro. Esse efeito é conhecido por "cascata" e dura apenas dez bilionésimos de segundo. As mais de um bilhão de partículas produzidas são espalhadas, para bem longe, de modo que podem ser detectadas em uma área de até 10 km^2. É por essa característica bem peculiar dos raios cósmicos que os 1.600 detectores do experimento Auger estão sendo construídos com uma distância de 1,5 km entre eles. Com essa distância média entre os tanques, o chuveiro de partículas atinge vários deles praticamente ao mesmo tempo (ver FIGURA 14).

Cada um desses detectores consiste em um tanque cilíndrico de 1,60 m de altura e 3,60 m de diâmetro, totalmente escuro, com a capacidade de conter 12.000 l de

AUTORIZADO PELO *SITE* ARGENTINO DO LABORATÓRIO PIERRE AUGER.

FIGURA 14. CHUVEIRO DE PARTÍCULAS ATINGINDO OS DETECTORES DO EXPERIMENTO AUGER – EFEITO "CASCATA".

água puríssima. Externamente, há um painel solar que fornece energia a um miniprocessador acoplado a uma antena de rádio sem fio. Quando as partículas extremamente energéticas penetram nesses tanques cheios de água, suas velocidades alcançam valores maiores do que a velocidade da luz nesse meio. O choque das ondas eletromagnéticas produz uma luz conhecida por "luz Cerenkov". Uma vez medida, essa luz revela a energia e a direção do raio cósmico primário.

Ondas gravitacionais

As ondas gravitacionais, que viajam distâncias longínquas, nos permitem ver o Universo através de uma outra janela completamente nova, tão interessante quanto a dos raios cósmicos. São produzidas por objetos portadores de grande quantidade de massa em movimento, pois, como eles deformam o espaço no seu entorno, qualquer movimento causa perturbações no espaço-tempo. Essas perturbações são as ondas gravitacionais, que até o presente momento não foram detectadas experimentalmente. O movimento de todos os corpos massivos produz ondas gravitacionais, contudo, quando uma destas chega até a Terra, apresenta uma amplitude bem pequena, pois esta diminui na proporção inversa da distância que viaja desde a sua fonte. Nos laboratórios da Terra, não se espera receber normalmente ondas que causem uma deformação maior do que 10^{-18} m em um corpo de 1 m de comprimento. Daí, pode-se perceber a dificuldade de detectar as ondas gravitacionais. Porém, uma vez observadas, estaríamos vendo as ondulações do espaço-tempo!

Einstein previu a existência de ondas gravitacionais emitidas por um sistema binário de estrelas girando muito próximas, uma em torno da outra. O primeiro sistema desse tipo foi descoberto em 1974 por Joseph Taylor (1941-) e Russel Hulse (1950-) – um pulsar binário de estrelas de nêutrons. Medindo a variação do período do pulsar, perceberam a diminuição dos raios das duas órbitas, implicando assim uma perda da energia de rotação, que deveria ser emitida como ondas gravitacionais. Taylor e Hulse receberam o Prêmio Nobel em 1993.

São várias as possíveis fontes astrofísicas que fabricam ondas gravitacionais. A primeira delas seria uma espécie de sussurro do *Big Bang*, ou seja, a expansão rápida do Universo teria produzido ondas gravitacionais, que, apesar de jamais terem sido observadas, em princípio, teriam deixado rastros na Radiação Cósmica de Fundo em micro-ondas (falamos sobre a RCFM no Capítulo 3). Outras são devidas aos objetos extremamente compactos que existem no Universo, tais como estrelas de nêutrons e buracos negros.

Como surgem os pulsares e os buracos negros? A resposta é simples e já foi introduzida no Capítulo 4, quando falamos de estrelas de nêutrons: depois que uma estrela, com uma massa igual ou maior que oito vezes a massa do Sol, de tanto brilhar, consome todo o seu combustível nuclear, ela não tem mais energia de combustão interna, e aquela pressão de radiação que ela emitia de dentro para fora e que evitava o colapso da estrela em razão da contração gravitacional cessa. Vencido pela força gravitacional, o caroço que sobra da estrela implode, formando um pulsar ou um buraco negro, dependendo da massa inicial. Essas explosões brilham tanto quanto 10^{15} sóis e duram no máximo um minuto. São acompanhadas da emissão de jatos de raios gama e *flashes* de raios X. Esses jatos, espalhados por todas as direções, viajam bilhões de anos-luz. Astrônomos estimam que para uma única explosão observada, 450 outras estejam acontecendo no Universo sem que as observemos de fato.

Assim, os pulsares, estrelas de nêutrons que giram com velocidades extremamente altas, nada mais são do que núcleos restantes de estrelas que explodiram. Já nascem girando muito rápido: cerca de trinta rotações por segundo. Contendo uma massa solar espremida em uma esfera de 15 km de diâmetro, os pulsares são fontes de ondas gravitacionais. Eles podem ganhar massa roubando gases de alguma estrela vizinha. Esse acréscimo de massa, além de deformar sua forma esférica, também aumenta sua velocidade de rotação; alguns chegam a completar uma volta a cada milissegundo, equivalente a 20% da velocidade da luz. Contudo, essas pequenas distorções na forma são suficientes para produzir ondas gravitacionais. Quanto mais rápido um pulsar gira, mais ondas gravitacionais ele emite. No processo de emissão de ondas gravitacionais, o pulsar perde energia, girando mais lentamente – o mecanismo que regula essa competição, atingindo certo equilíbrio, evita sua explosão. A emissão de radiação gravitacional, de certa forma, é o que impede que os pulsares girem rápido demais a ponto de explodir.

Há vários projetos internacionais para a detecção de ondas gravitacionais. Neste capítulo falaremos sobre os seguintes projetos: LIGO, LISA e Mario Schenberg.

LIGO

O projeto LIGO consiste em dois laboratórios localizados nos Estados Unidos distantes entre si 3.000 km. Espera-se que o projeto LIGO, já em operação em Hanford, Washington, e em Livingston, Louisiana, seja capaz de detectar as ondas gravitacionais emitidas pelos pulsares que giram com frequências de milissegundos, dentro da próxima década. Nesse projeto, no mínimo, dois sítios bem distantes são necessários, de forma que pequenos abalos sísmicos locais e ruídos acústicos sejam excluídos dos dados e apenas um sinal detectado pelos dois laboratórios simultaneamente seja considerado inequívoco e confiável. No entanto, para que se possa saber a origem cósmica dessa radiação gravitacional é necessário um cálculo de triangulação e, portanto, é preciso incluir a observação de um terceiro laboratório. Para esse propósito, o LIGO colabora com o observatório VIRGO, planejado nas proximidades de Pisa, Itália.

Os dois laboratórios têm a forma de um imenso *L*, cujos braços medem 4 km. A sensibilidade da detecção aumenta com o tamanho do braço do *L*. No início e no final (a esquina no L) de cada braço, há duas massas de teste (M_1 e M_2) penduradas por fios que as isolam de possíveis movimentos na horizontal. A experiência se resume no seguinte: quando um feixe de luz proveniente da fonte de *laser* incide na superfície semiespelhada, ela é separada em dois feixes perpendiculares entre si. Cada feixe deve percorrer as distâncias L_1 e L_2 entre as duas massas de teste M_1 e M_2. Quando os dois feixes retornam, são recombinados e a luz em fase é captada por um fotodiodo.

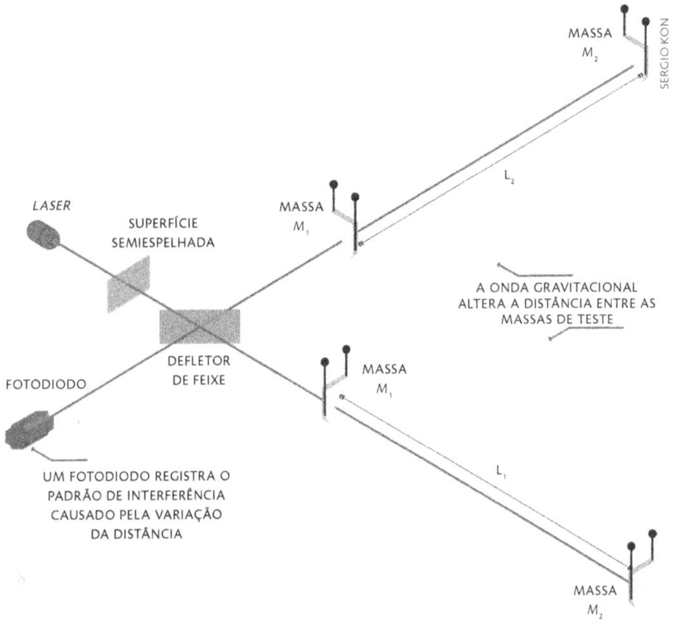

FIGURA 15. INTERFERÔMETRO DE MASSA SUSPENSA.

Se uma onda gravitacional atingir a massa M_2 pendurada no início do L, a distância L_1 mudará de posição da ordem de 10^{-18} m e a recombinação não estará mais em fase, produzindo franjas de difração no fotodiodo. A medida dessas franjas nos dará a informação do comprimento de onda da radiação gravitacional incidente.

LISA

Como vimos na Introdução, um dos papéis mais importantes da Astrofísica Moderna é mapear o Universo, observando as ondas eletromagnéticas que varrem suas frequências desde os raios gama até as ondas de rádio de maior comprimento de onda. Da mesma forma, as ondas gravitacionais também têm um intervalo grande de observação e vários experimentos são necessários para que possamos ter um quadro que mais se aproxime do Universo real. O LIGO foi projetado e adequado para captar as ondas gravitacionais de altas frequências. Sua parceira de tarefa, LISA, é um projeto que beira a ficção científica. Será a primeira antena espacial projetada para se dedicar exclusivamente à detecção de ondas gravitacionais. Com lançamento previsto para 2011, captará ondas gravitacionais com frequências muito mais baixas. LIGO e LISA complementar-se-ão na tarefa de mapear os sinais da radiação gravitacional do nosso Universo.

Para que se tenha uma ideia, no processo de colisão de estrelas binárias, por exemplo, LISA será capaz de captar as ondas gravitacionais milhares de anos antes da colisão, ao passo que LIGO, por detectar frequências bem mais altas, é capaz de observar a radiação gravitacional num tempo bem próximo à colisão, já que a velocidade de rotação das estrelas aumenta com a aproximação da colisão. Nesse exemplo, fica claro de que forma os dois experimentos se complementam.

Essa diferença de sensibilidade deve-se, em particular, ao tamanho do braço do experimento. O comprimento do braço do LIGO tem 4 km, ao passo que o braço da antena LISA será da ordem de 5.000.000 km! Por que tamanha diferença? Como já dissemos, LISA é uma antena espacial. O projeto consiste em três espaçonaves com o formato de discos achatados (uma nave principal e duas secundárias), orbitando de maneira independente em torno do Sol, posicionadas nos vértices de um triângulo equilátero de lado igual a 5.000.000 km, de modo que o centro imaginário do triângulo tenha a mesma órbita da Terra em torno do Sol, com um atraso de 20°, como mostra a FIGURA 16.

As massas de teste estão nas naves secundárias, não sendo penduradas por fios como no caso do LIGO, mas flutuando livremente dentro da nave. A nave-mãe será responsável por enviar o sinal de *laser* às outras duas naves secundárias, como mostra a figura. Como a distância é muito grande, o sinal chega fraco, porém, assim que ele chega, outro sinal é imediatamente reenviado à nave-mãe. Quando esta recebe o sinal de volta, saberá se houve ou não mudança na distância.

Os desafios tecnológicos para tornar possível esse projeto são enormes. O realinhamento das órbitas, o vento solar e interferências no campo magnético dos corpos celestes vizinhos são exemplos de problemas a serem resolvidos. A distância entre as três espaçonaves e a Terra será de 50.000.000 km, valor obtido como resultado de um compromisso entre a tentativa de minimizar os efeitos do campo gravitacional da Terra e, ainda assim, estar perto o suficiente pra facilitar a comunicação. Depois de lançadas, as naves ficarão em operação por cinco anos.

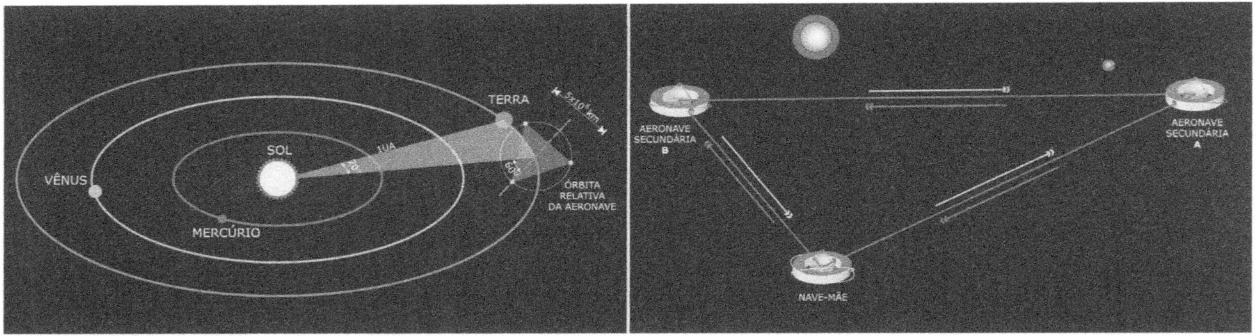

SERGIO KON

FIGURA 16. O PROJETO LISA.

Mario Schenberg

Além de LIGO, LISA e VIRGO, existem outros onze detectores construídos ou em construção no mundo, um deles no Brasil. O detector brasileiro de ondas gravitacionais, que está sendo construído no Estado de São Paulo, envolve a participação de mais de duas dezenas de pesquisadores de várias instituições, entre elas o Instituto Nacional de Pesquisas Espaciais (INPE), o Instituto Tecnológico de Aeronáutica, ambos em São José dos Campos, a Universidade de São Paulo, a Universidade Estadual de Campinas e o Centro de Ensino Tecnológico de São Paulo. O Instituto de Física da Universidade de São Paulo abriga o sítio do detector, cuja montagem está quase completa. Esse detector recebeu o nome de um dos maiores físicos brasileiros: Mario Schenberg (1914-1990), que foi diretor do Instituto de Física da USP em São Paulo.

A técnica utilizada é diferente das descritas até aqui. Em vez de raios *laser*, ele utiliza o princípio da massa ressonante que entra em oscilação quando uma onda gravitacional atinge o detector. Essa oscilação da massa ressonante, ou antena, é amplificada mecanicamente por dispositivos osciladores e convertida em um sinal elétrico que, por sua vez, também é amplificado e processado. A massa ressonante do detector brasileiro é uma esfera de 1.150 kg, resfriada até –269 °C, em vácuo, e isolada das vibrações externas, que, em razão da sua forma simétrica, é capaz de determinar a direção e a polarização (formato espacial) da onda sem ajuda de outros detectores.

Em comparação com os outros projetos internacionais, ele é um detector bem mais barato. A sua desvantagem está na banda de observação em frequências: apenas entre cerca de 50-400 Hz e em torno de 3.200 Hz (sua frequência central), dependendo do conjunto de osciladores mecânicos utilizados. Entretanto, a sua capacidade de determinação da direção e polarização da onda passante o qualifica como um instrumento complementar importante na rede de detectores internacionais.

Neutrinos

A Física de Neutrinos direciona nossos olhos a uma outra janela para melhorar ainda mais nossa compreensão do Universo. O neutrino foi proposto em 1930 pelo físico alemão Wolfgang Pauli (1900-1958), que postulou a existência de uma partícula leve, neutra e que interage fracamente com a matéria para explicar uma aparente falha da conservação de energia nas medidas do chamado "decaimento β".

Apesar de muitos esforços, muitas das tentativas para encontrar o neutrino falharam. Seu apelido passou a ser "o pequenino que não está lá". Somente em 1956, deparamos com a confirmação inequívoca da sua existência, feita por Clyde Cowan (1919-1974) e Frederick Reines (1918-1998), utilizando dados do reator nuclear Savannah River, na Carolina do Sul, Estados Unidos. Cowan e Reines ganharam o Prêmio Nobel em 1995, 39 anos depois da primeira detecção do neutrino.

O modelo teórico que acomoda as partículas elementares, conhecido como "Modelo Padrão", afirma que há três tipos diferentes de neutrinos e, segundo esse modelo, todos eles são desprovidos de massa. São eles: um neutrino associado ao elétron (ν_e), outro ao múon (ν_μ), descoberto em 1962, e mais outro que é associado ao tau

(ν_τ), descoberto no ano 2000. Esses três neutrinos constituem uma família sem massa. Contudo, o estudo de neutrinos emitidos pelo Sol nos ensinou que eles possuem uma massa; muito pequena, mas diferente de zero. Saber se essas partículas são ou não desprovidas de massa tornou-se então um dos principais desafios da Física Moderna. Os estudos dos neutrinos atmosféricos revelaram que se observa na Terra uma quantidade muito menor do que a esperada de neutrinos do múon. Na verdade, há um mecanismo previsto pela Mecânica Quântica que permite aos neutrinos adquirir massa. A ideia básica é observar o que chamamos de "oscilações dos neutrinos", isto é, um neutrino de um tipo se transforma em um neutrino de outro tipo. Assim, o fato de observarmos uma quantidade menor de neutrinos do múon significa que nesse percurso ele oscilou e se transformou em outro tipo de neutrino. Então, os neutrinos passaram a ser vistos como partículas que têm massa.

Afinal, por que os neutrinos são tão especiais? Talvez a maior razão seja porque suas massas são tão pequeninas. Além disso, é bem provável que a pequenez da massa dos neutrinos esteja relacionada com a origem da assimetria entre matéria e antimatéria, que aconteceu no início do Universo, e seu entendimento é crucial para o conhecimento de nossa própria origem. Outra razão importante para estudarmos os neutrinos reside no fato de que eles, por não interagirem muito com a matéria, conseguem carregar informações genuínas sobre os mais variados fenômenos que acontecem no Universo. Em uma explosão de supernova, por exemplo, antes de percebermos a luz extraordinária dessa catástrofe cósmica, observamos os neutrinos oriundos da explosão, os quais passam incólumes pelo turbulento meio que existe num evento como esse.

Da mesma forma que detectamos as radiações eletromagnética e gravitacional e os raios cósmicos dentro de um intervalo grande de frequências, os neutrinos também aparecem dentro de um espectro largo. Assim, percebemos que há vários tipos de neutrinos disponíveis para estudo; os que são produzidos nos aceleradores, os que vêm do espaço e os próprios da Terra, provenientes da desintegração de elementos radioativos naturais que existem no solo. Há muito material radioativo na crosta terreste, e proveniente dessa fonte há cerca de seis milhões de neutrinos por segundo por centímetro quadrado, circundando-nos o tempo todo.

Os neutrinos do espaço podem ter várias origens. Podem ter sido produzidos no início do Universo: são os neutrinos primordiais, que, apesar de existirem em quantidade razoável (330 por cm^3), sua energia, cerca de 0,0004 eV, é muito pequena para ser detectada com a tecnologia atual. Podem vir de distâncias próximas, como os solares e os atmosféricos, ou de distâncias cosmológicas, como os produzidos por explosões de supernovas. Os primeiros neutrinos cosmológicos foram detectados na Supernova 1987A.

Como dissemos, o Sol emite neutrinos. O modelo solar depende, em particular, de saber os detalhes sobre o fluxo de neutrinos incidente na superfície da Terra, provenientes de um processo termonuclear no interior do Sol, que libera neutrinos com energia de poucos MeV, considerados fracos. A energia do neutrino depende da reação nuclear que ocorre no interior do Sol.

Os raios cósmicos se apresentam como uma outra fonte de neutrinos. Esses são conhecidos por neutrinos atmosféricos porque se formam de um chuveiro de partículas. Mais adiante, mostraremos como o gigantesco experimento japonês conhecido por Super Kamiokande observou, em 1998, oscilações de neutrinos nas reações que ocorrem nos chuveiros.

Os neutrinos de energias extremamente altas invadiram a Astronomia e a razão pela qual são importantes para entender melhor o Universo é que essa nova janela aberta esmiúça e detalha fontes que não emitem apenas radiação eletromagnética, ondas gravitacionais e raios cósmicos, permitindo-nos observar além dos detectores convencionais. Além disso, por interagirem fracamente com matéria, os neutrinos podem ter tido sua origem a distâncias cosmológicas, pois nada pode modificar suas trajetórias, uma vez que não têm carga e, portanto, não sofrem a influência de campos magnéticos, que são muito comuns em todo o Universo. Grandezas físicas tais como o fluxo de neutrinos que atinge a Terra e o intervalo de energias com que chegam são informações que podem mudar conceitos fundamentais dentro da Física em breve.

No que se segue, contaremos os resultados obtidos nos experimentos japoneses Super Kamiokande e KEK, que mesclam a observação de neutrinos atmosféricos e neutrinos solares com os produzidos em reatores nucleares. Inicialmente, lembramos ao leitor que não se observa o neutrino propriamente dito, mas sua interação com as partículas que permeiam a atmosfera. Por exemplo, se um neutrino interage com um elétron, produz imediatamente um chuveiro de partículas. Esse chuveiro é analisado e a ação do neutrino é então reconstituída.

O Super Kamiokande (Kamioka Nucleon Decay Experiment), ou ainda SuperK, é um detector Cerenkov, localizado em Kamioka-cho, Yoshiki-gun, Gifu-ken, construído a 1 km abaixo do solo, na mina Mozumi da companhia Kamioka Mining and Smelting, no Japão. Suas paredes internas acomodam 11.200 tubos fotomultiplicadores, cada um com 50 cm de diâmetro, que são responsáveis por captar a luz Cerenkov, produzida pelos neutrinos mais velozes do que a velocidade da luz que se propagam no seu interior.

Apesar de observar um número significativo de neutrinos solares, o superdetector capta apenas 37% do valor teórico dos neutrinos do múon que se esperaria observar segundo o modelo solar existente. Essa supressão de neutrinos não pode ser explicada simplesmente modificando-se a teoria que explica a geração de energia dentro do Sol. Como já adiantamos, uma possível resposta para esse problema baseia-se nas oscilações dos neutrinos. Em junho de 1998, os cientistas responsáveis pelo superdetector tornaram públicas as fortes evidências de que neutrinos oscilam, isto é, neutrinos do múon se transformam em neutrinos do tau. Essa oscilação implica que eles tenham uma pequena massa diferente de zero e esse fato é muito importante, tanto do ponto de vista da teoria das partículas elementares como do cosmológico, pois pode alterar profundamente os modelos que descrevem as interações da matéria.

Um ano depois o KEK (High Energy Accelerator Research Organization) observou o primeiro evento que confirma as oscilações anteriores, desta vez utilizando um feixe de neutrinos produzido em um acelerador de altas energias e um reator nuclear. KEK é um laboratório nacional japonês, localizado em Tsukuba, perto de Tóquio, a 250 km do SuperK, que com ele opera em conjunto. Os dois detectores, cuidadosamente alinhados, estão interligados por um tubo de 250 km por onde passa um feixe de neutrinos gerado no KEK. A ideia foi comparar o número de eventos nos dois detectores. Assim, como o número de neutrinos do múon observado no SuperK foi menor do que o número de neutrinos observado no KEK, houve oscilação de neutrinos no caminho do KEK até o SuperK.

Um abalo sísmico destruiu parte do SuperK em novembro de 2001, mas o experimento voltou a funcionar em dezembro de 2002 com 47% dos tubos fotomultiplicadores. Sua reconstrução completa está prevista para meados de 2006.

▪

6 O Universo continua um grande desconhecido...

Dentre as dúvidas mais angustiantes do ser humano, destacam-se as questões relacionadas à origem e ao futuro do Universo, pois, em última análise, a origem e o futuro da sua própria espécie estão em jogo. Saber de onde viemos e para onde vamos são perguntas constantes da humanidade que, ao largo da história, foram endereçadas a teólogos, filósofos e cientistas. Nos meados do século XX, físicos e astrofísicos mergulharam profundamente nessa questão e uma das perguntas fundamentais do meio científico passou a ser se o Universo se expandirá para sempre (universo aberto) ou se um dia ele se contrairá (universo fechado), colapsando ao seu ponto de origem. Como veremos a seguir, teoricamente a resposta é simples e depende da quantidade de matéria (e energia) existente no Universo. O grande problema é justamente saber quanta matéria existe no Universo.

Consideraremos inicialmente a grandeza chamada "densidade de massa do Universo", designada por ρ, como a massa observada dividida pelo volume observado. Existe um valor crítico dessa grandeza, chamado "densidade crítica" (ρ_{crit}), que representa a densidade adequada para que o Universo se expanda apenas o suficiente para impedir seu colapso. Ela relaciona a constante de Hubble (H), que definiremos mais adiante, com a constante de gravitação universal de Newton (G) da seguinte forma:

$$\rho_{crit} = \frac{3H^2}{8\pi G}.$$

Introduziremos o parâmetro de densidade do Universo, que nada mais é do que a relação entre a densidade observada do Universo e a densidade crítica, como $\Omega = \rho/\rho_{crit}$. Dependendo de quanta matéria há no Universo, temos três possíveis alternativas:

1. se houver muita matéria no Universo, significa que a densidade de matéria observada é maior do que a densidade crítica, isto é, $\rho > \rho_{crit}$ e $\Omega > 1$. Nesse caso, a força da gravidade impede a expansão; o Universo seria fechado e poderia colapsar;
2. se houver pouca matéria, a densidade observada é menor do que a densidade crítica, de forma que $\rho < \rho_{crit}$ e $\Omega < 1$. Nesse caso, não há como impedir a expansão; o Universo seria aberto, expandiria-se para sempre e ficaria cada vez menos denso;
3. se as duas densidades forem iguais, $\rho = \rho_{crit}$, então $\Omega = 1$. Essa é a condição para que o Universo seja plano. Essa densidade é uma linha tênue que separa a expansão eterna do colapso.

Essa análise considera as equações de Einstein sem a famosa constante cosmológica. Mas, afinal, o que vem a ser essa constante cosmológica sobre a qual tanto se fala e que o próprio Einstein considerou ter sido o maior erro da sua vida? Em 1917, não se tinha a mínima ideia de que o Universo está se expandindo. Einstein postulou então uma força de repulsão entre as galáxias que contrabalança a força gravitacional de atração e introduziu nas suas equações uma constante cosmológica, que age contra a atração gravitacional. De certa forma, funciona como um efeito de antigravidade. O resultado foi um universo estático e, por isso, ele perdeu a grande chance de prever a expansão do Universo.

Supondo então uma constante cosmológica nula, o Universo evolui dentro de um quadro de expansão desacelerada. No entanto, deve ter havido um tempo no passado remoto em que a expansão foi acelerada. Com o passar do tempo, houve uma espécie de frenamento nessa expansão, dando a ideia de que tudo começou mesmo com uma enorme explosão conhecida por *Big Bang*. Hoje, o Universo observado é compatível com uma constante cosmológica positiva: ele se mostra espacialmente plano e sua expansão é acelerada!

De fato, o Universo está em expansão! Em 1929, observando dezenas de galáxias, o astrofísico Edwin Hubble (1889-1953) descobriu que as velocidades radiais das galáxias são proporcionais às suas distâncias à Terra, isto é, quanto mais longe do observador uma galáxia está, maior é a sua velocidade de afastamento. Essa relação ficou conhecida como Lei de Hubble e pode ser escrita em uma forma muito simples: velocidade = $H \times$ distância. O inverso da constante de Hubble, $1/H$ = distância/velocidade, tem dimensão de tempo, o que nos permite estimar a idade do Universo. O valor atual da constante de Hubble é de 72 km/s/Mpc.

Aprendemos desta forma que o valor preciso da constante de Hubble é fundamental para determinar o destino e a idade do nosso Universo e que o tamanho deste é uma função do tempo. O valor da densidade crítica depende da constante de Hubble, porque ela, essencialmente, nos conta em que proporção o Universo está se expandindo. Para avaliar então se o Universo se expandirá para sempre ou se colapsará, temos de saber quanto de matéria existe no Universo, o que não é uma tarefa trivial.

Os astrônomos desenvolveram métodos para calcular a quantidade de matéria existente no Universo. Esses métodos baseiam-se em conceitos muito simples. Um deles está relacionado com a velocidade das galáxias dentro de um aglomerado: quanto maiores as velocidades das galáxias dentro do aglomerado, mais massa há nesse conjunto, pois maior é a força gravitacional que atua em cada galáxia, de forma que mantenha o aglomerado coeso. No entanto, a observação direta mostrou, já na década de 1930, que as velocidades de algumas galáxias eram centenas de vezes maiores do que a velocidade esperada, isto é, as galáxias se moviam como se houvesse muito mais massa do que a massa inferida pela quantidade de luz emitida. Esse fato curioso ficou conhecido como "o problema da massa faltante", já que a massa inferida pela luminosidade observada das galáxias era muito menor do que a massa necessária, calculada por argumentos puramente dinâmicos, para manter o aglomerado nas condições observadas, ou seja, faltava massa.

Na década de 1960, observações sobre a velocidade de rotação da galáxia de Andrômeda indicavam uma violação da Lei de Kepler, segundo a qual o quadrado da velocidade de um corpo celeste é proporcional à massa que o raio dessa distância delimita e é inversamente proporcional à sua distância ao centro da galáxia. No entanto, observou-se que a velocidade rotacional estelar se mantém constante com o aumento da sua distância ao centro da galáxia. Esse resultado viola a Lei de Kepler, pois, segundo ela, a velocidade rotacional deve diminuir para estrelas que estão longe do centro. Essas foram as primeiras evidências de que deve haver uma matéria que não é vista pela luz que emite e que deve permear a galáxia. Daí surgiu a expressão *matéria escura*, ou seja, era uma matéria que influenciava as vizinhanças onde estava, como qualquer matéria, mas não era detectada por meio da emissão de radiação eletromagnética.

A grande surpresa vem do estudo dos halos das galáxias, onde há pouca luminosidade, mas mesmo assim pode-se medir a velocidade de rotação. A velocidade de rotação encontrada não diminui com o aumento da distância ao centro da galáxia. Apesar de os instrumentos ópticos não perceberem, deve existir alguma substância nesse halo. Hoje se sabe que essa substância é o hidrogênio neutro e, como seu comprimento de onda corresponde a 21,11 cm, é compreensível que nenhum instrumento óptico possa percebê-lo. No entanto, uma antena que capta ondas de rádio pode detectá-lo nos halos de galáxias distantes. Esse tipo de matéria escura (hidrogênio neutro) não é exótico, pois é matéria usual. Se a nossa compreensão sobre a força da gravidade estiver correta, deve haver outro tipo de matéria escura que ainda não foi estudado. É a chamada *matéria escura exótica*, uma forma de matéria que não emite, não absorve nem espalha luz. A única interação que a matéria escura exótica sente é de ordem gravitacional.

De acordo com o modelo atual da Física das Partículas Elementares, a matéria escura pode ser de dois tipos: exótica e comum; por exótica entende-se aquela que não se enquadra nos tipos de matéria conhecidos até o momento – são constituintes que não se enquadram em nenhum modelo bem estabelecido.

Segundo os melhores dados de hoje, apenas 4% do Universo é constituído de matéria cujo comportamento é regido por teorias conhecidas, ou seja, a matéria comum composta pelos elementos conhecidos da tabela periódica, opacos ou que emitam luz. Por sua vez, 26% do que se observa no Universo é feito de uma matéria que de fato não conhecemos, chamada matéria escura. A tendência em favor da matéria escura entrou no cenário da Astrofísica e solidificou-se, baseada em firmes dados de pesquisa sobre toda a matéria existente no Universo. Depois de anos e anos de observações, os cientistas concordam que, por meio de uma aritmética simples, a soma de toda matéria não exótica com a exótica explica apenas 30% do Universo!

Além da matéria escura exótica, hoje em dia não há mais dúvidas de que deve existir ainda um outro tipo de elemento no Universo. Esse novo ingrediente foi chamado de *energia escura* e isso significa que 70% do Universo é regido por ela. Finalmente, temos a contribuição dos fótons, que é muito pequena, responsável pela temperatura do Universo ser hoje cerca de 2,726 K.

Resumindo, os valores aproximados para os constituintes do Universo são os seguintes:

CONSTITUINTES DO UNIVERSO	QUANTIDADE (%)
Fótons	0,005
Matéria luminosa	0,5
Matéria escura não exótica	3,5
Matéria escura exótica	26
Energia escura	70

Isso significa que desconhecemos a constituição de quase 96% do Universo! A maior parte dele é permeada por uma matéria ou energia escura que não podemos ver nem entender ainda. Significa ainda que 96% da gravitação que se manifesta no Universo não pode ser atribuída a aglomerados isolados de matéria. Entender esses números é uma das grandes tarefas da Física Moderna.

Outro grande desafio é entender por que o Universo está se expandindo de forma acelerada. Os dados do satélite HIgh Precision PARallax COllecting Satellite (HIPPARCOS), que foi lançado em agosto de 1989 e desativado em março de 1993, permitiram refinar os conhecimentos sobre a luminosidade das estrelas cefeidas, tidas como estrelas excepcionalmente adequadas para determinar e calibrar as distâncias das galáxias. Esses dados foram decisivos para que, em 1998, duas equipes de astrônomos que observavam as consequências das explosões de supernovas afirmassem que o Universo se expande de modo acelerado, ao contrário do que consta em muitos livros básicos de gravitação. A ideia tradicional ensinada era de que a força gravitacional "desaceleraria a expansão".

O leitor não deve ficar desapontado quando perceber que, apesar de se saber muito sobre a formação do Universo, sobre as estruturas das galáxias, das estrelas e de objetos espetaculares e de muito ter sido explicado sobre sua origem, formação, constituição e evolução, grande parte do Universo em que vivemos é ainda desconhecida. Os dados atuais nos indicam que o Universo está em expansão acelerada, a qual está relacionada com uma energia escura que o permeia.

A pergunta que surge naturalmente é: qual seria o mecanismo que estaria acelerando a expansão do Universo? A resposta que temos hoje é que essa expansão seria movida por uma nova forma de energia e uma das candidatas seria a densidade de energia de vácuo, equivalente à constante cosmológica, resgatando com elegância o que Einstein pensou ter sido seu maior erro. Outra possibilidade seria a existência de alguma espécie, ainda desconhecida, de partícula – a chamada "quinta-essência" seria uma provável candidata que tem a peculiaridade de repelir gravitacionalmente.

Independentemente da origem dessa força que impele a aceleração, sua intensidade é muito maior do que a da gravitação. Essa desconhecida e onipresente integrante do Universo é a energia escura. É ela que acelera a expansão, justamente por exercer uma força repulsiva, e não atrativa, como a matéria escura. Energia e matéria escuras distinguem-se pelo fato de a primeira ser gravitacionalmente repulsiva, porque, se fosse atrativa, a aceleração da expansão não teria sido observada.

Essa é a situação atual: o Universo está dominado por uma energia escura que permeia todo o cosmo. Os dados assim o confirmam: há um regime de expansão acelerada. No entanto, a energia escura nem sempre foi dominante: criada no Universo primordial a 10^{-35} segundo, ela não existiu por mais de dez bilhões de anos, quando então entrou em contato com a matéria e passou a acelerá-la. Por que essa energia escura teria esperado tanto para dominar o Universo e começar a acelerar a expansão? Alguns físicos acham que esse comportamento teria sido desencadeado pela reminiscência de algum evento e até apresentam uma candidata a esse evento: a transição entre a época em que o Universo deixou de ser dominado pela radiação e passou a ser dominado pela matéria, pois foi a partir daí que a gravidade passou a conspirar a formação de galáxias e estruturas em grandes escalas. No entanto, essas conjecturas ainda devem ser testadas.

Finalizamos este livro rendendo-nos ao fato de que o Universo é complexo e difícil de ser explicado, mas, apesar disso, é regido por princípios que o Homem conseguiu decifrar. Somos parte essencial dele e é natural que queiramos compreendê-lo e, principalmente, entender o papel que desempenhamos nesse cenário tão complicado. Cabe à ciência um papel importante nesse entendimento e hoje o cientista enfrenta um dilema muito grave: o de entender por que a compleição bioquímica humana seria constituída de uma matéria extremamente diferente da do restante do Universo e que equivale a apenas 3,5% dele. Por que seríamos feitos de uma matéria tão rara no Universo?

■

GLOSSÁRIO

Aceleradores de partículas – Máquinas enormes que, usando eletromagnetos, aceleraram partículas carregadas, aumentando-lhes cada vez mais a energia.

Ano-luz – Distância que um feixe de luz percorre durante um ano. Como a velocidade da luz é 299.792.458 m/s, um ano-luz vale $9{,}46053 \times 10^{15}$ m.

Antipartícula – Partícula elementar de carga oposta à sua partícula companheira.

Big Bang – Modelo para explicar a origem e a evolução do Universo, no qual o espaço-tempo começa com uma singularidade.

Câmara de nuvens – Inventada em 1912 pelo físico C. T. R. Wilson, foi muito utilizada no estudo da radioatividade. Vapor de água é confinado em uma câmara fechada até o ponto de saturação. A pressão é diminuída, produzindo-se ar em um estado supersaturado. A passagem de partículas carregadas condensa essa massa de ar em gotículas diminutas de vapor, deixando assim os vestígios da partícula que passou.

Campo eletromagnético – Campo fundamental de forças em Física e que se define pelas leis de Maxwell, englobando tanto o campo elétrico como o magnético, e representa como o efeito da carga elétrica afeta outras cargas ao seu redor.

Cefeidas – Descobertas, em 1912, pela astrônoma Henrietta Leavitt, apresentam uma regularidade do seu brilho, obtida por meio de pulsos. O período do pulso caracteriza seu verdadeiro brilho. Comparando o brilho aparente com o verdadeiro, calcula-se a distância em que elas se encontram.

Comprimento de onda – Distância entre dois máximos ou dois mínimos consecutivos de uma onda. Sendo c a velocidade de fase da onda e ν a sua frequência, o comprimento de onda é dado por $\lambda = c/\nu$.

Decaimento radioativo – Processo de diminuição progressiva do número de átomos radioativos de uma substância por desintegração nuclear espontânea.

Efeito Doppler – Quando uma ambulância aproxima-se, o som nos parece mais agudo, ao passo que quando ela se afasta ouvimos um som mais grave – este é o efeito Doppler.

Energia do vácuo – A Física Quântica exige que o espaço vazio seja preenchido com partículas e antipartículas que são continuamente criadas e aniquiladas, levando a uma densidade de energia.

Espectro eletromagnético – Conjunto das radiações eletromagnéticas, que se estende de comprimentos de onda de vários quilômetros até picômetros.

Estrelas tipo A – As estrelas são classificadas com uma letra (O, B, A, F, G, K, M, N) e um número (subdivisões das classes representadas pelas letras), de acordo com as linhas espectrais que apresentam, e que correspondem às temperaturas de suas superfícies. As estrelas O e B são muito brilhantes, porém são raras, ao passo que com as estrelas do tipo M acontece o contrário: são fracas mas numerosas. As estrelas do tipo A são mais frias que as de tipo B e mais quentes do que as de tipo F.

Estrelas tipo M – As estrelas do tipo M são as mais frias dentre as estrelas.

Fóton – Unidade fundamental da radiação eletromagnética – o *quantum* da luz.

Frequência – Número de oscilações que um fenômeno periódico efetua por unidade de tempo. A unidade de medida é o hertz.

Índice de refração – É a razão entre a velocidade de fase de uma radiação eletromagnética no vácuo e sua velocidade em um meio material.

Ionização – Ejeção de um ou mais elétrons de uma molécula ou de um átomo, produzindo um íon carregado positivamente.

***Laser* (Light Amplification by Stimulated Emission of Radiation)** – Em um material tipo *laser*, a maioria dos seus átomos pode ser estimulada a atingir um estado de energia excitado (mais alta), para depois decair para o estado fundamental, emitindo radiação coerente, amplificando assim a luz emitida.

Linha espectral – Luz emitida em uma frequência específica por um átomo ou molécula. Cada átomo ou molécula apresenta um conjunto característico de linhas espectrais que permite com que sejam identificados de uma maneira única.

Luz – A luz é um campo eletromagnético oscilante que se propaga no vácuo com uma velocidade de $2{,}997925 \times 10^8$ m/s.

Massa – Medida da quantidade de matéria, ou seja, o quanto de estofo há no objeto. A unidade de medida é energia (dada em múltiplos do elétron-volt) dividida pelo quadrado da velocidade da luz, por exemplo, MeV/c^2.

MeV – Energia que um elétron adquire quando passa por uma diferença de potencial de 1.000.000 V. Dizemos megaelétron-volt e se escreve 10^6 eV.

Micro-ondas – Ondas de radiação eletromagnética cujas frequências oscilam entre 3 e 30 GHz. O forno de micro-ondas caseiro funciona na frequência 2,45 GHz.

Modelo Padrão – O Modelo Padrão descreve as partículas elementares e suas interações. Segundo ele, a matéria é composta por seis léptons: o elétron, o múon, o tau e seus respectivos neutrinos; seis *quarks*: *up*, *down*, estranho, charme, *bottom* e o *top*; e ainda quatro partículas que intermedeiam as interações da natureza: o fóton, Z^0, W^+ e W^-.

Neutrino – Partícula elementar sem carga elétrica, *spin* ½ e massa quase nula. É emitida no decaimento β. Segundo o modelo padrão há três tipos de neutrinos: neutrino do elétron (ν_e), do múon (ν_μ) e do tau (ν_τ).

Parsec – Distância que corresponde à paralaxe anual de um segundo de arco. A abreviação é pc e seu valor é: 1 pc = 3,085678 × 10^{16}m; 3,261633 anos-luz ou ainda 206.265 UA (Unidade Astronômica).

Pulsar – Estrela de nêutrons que apresenta movimento de rotação.

Quasar – Um dos objetos mais luminosos do Universo, embora quando visto da Terra pareça muito fraco para ser considerado estrela. Suas linhas de emissão apresentam um *redshift* muito grande.

Radar – É um anacronismo para ***Ra**dio **d**etection **a**nd **r**anging* e designa um método que detecta objetos e determina posição pela transmissão de micro-ondas.

Radiação – Modos por meio dos quais a energia pode ser emitida, isto é, mediante a emissão de ondas (radiação eletromagnética) ou partículas que são emitidas de núcleos atômicos instáveis: partículas alfa, beta, entre outras.

Radiação Cósmica de Fundo em micro-ondas – Radiação residual que escapou quando o Universo se tornou transparente. É o remanescente do processo de expansão do Universo quando a temperatura atingiu cerca de 3.000 K.

Radiação de Cerenkov – É a radiação eletromagnética emitida quando partículas carregadas passam por um meio isolante (materiais que impedem o fluxo de calor, ou corrente elétrica), com uma velocidade maior do que a velocidade da luz naquele meio. Uma das suas características é uma luz azulada.

Raios cósmicos – Nome atribuído às partículas altamente energéticas (da ordem de 10^{20} eV) provenientes do cosmo e que atingem a atmosfera terrestre.

Redshift – Deslocamento para o vermelho. É o deslocamento do comprimento de onda característico de uma linha espectral em direção às regiões de maior comprimento de onda do espectro eletromagnético, em razão do afastamento de uma fonte em relação ao observador.

Região H II – Região de gás (hidrogênio) ionizado que, em geral, envolve uma estrela jovem, de grande massa e quente, cuja radiação que ela emite é a responsável pela ionização dessa região.

Segundo de arco de distância – Distância angular entre dois objetos que equivale a 1/60 de um minuto de arco. Um minuto de arco equivale a 1/60 de um grau. Assim, um segundo de arco equivale a 1/3.600 de um grau.

Unidade Astronômica – Distância média entre a Terra e o Sol. Denota-se por UA e vale $1{,}495978 \times 10^{11}$ m.

▪

SUGESTÕES DE LEITURA

ABDALLA, Maria Cristina Batoni. *Bohr*: o arquiteto do átomo. São Paulo: Odysseus, 2002.
O livro mostra como os conceitos da estrutura da matéria foram tomando corpo no início do século passado. O modelo atômico, as formas de radiação e os primeiros conceitos de partículas elementares são abordados de maneira clara e simples.

DAMINELI, Augusto. *Hubble*: a expansão do Universo. São Paulo: Odysseus, 2003.
Responsável pelas medidas confiáveis que confirmaram a expansão do Universo, Hubble dedicou grande parte da sua vida obtendo dados precisos para que uma nova concepção do Universo brotasse. Hubble descobriu que o Universo é uma entidade dinâmica e em constante transformação. O livro mostra ainda aspectos mais modernos da Astronomia.

FRIAÇA, Amâncio et al. (Org.). *Astronomia*: uma visão geral do Universo. São Paulo: Edusp, 2001.
Elaborado com base em textos do curso de extensão universitária "Astronomia: Uma Visão Geral", o livro dirige-se a professores do ensino médio e ao público leigo interessado, oferecendo um resumo dos conceitos centrais da área e das principais questões de que se ocupam seus cientistas. Prêmio Jabuti 2001 – categoria Ciências Exatas, Tecnologia e Informática.

MOURÃO, Ronaldo Rogério de Freitas. *Kepler*: a descoberta das leis do movimento planetário. São Paulo: Odysseus, 2003.
O livro descreve a vida e a obra de Kepler, o primeiro astrônomo a unir a Física à Astronomia. Kepler elaborou as três leis que descrevem as órbitas dos planetas do nosso Sistema Solar, mas que também são válidas em qualquer outro sistema do Universo.

NATALE, Adriano A.; LEITE, Cássio Vieira. *O Universo sem mistérios*. Rio de Janeiro: Vieira & Lent, 2003.
Neste livro, encontram-se temas atuais de várias áreas da Física, escrito para não especialistas. Os assuntos vão desde

uma abordagem introdutória da Mecânica Quântica e da relatividade espacial, até a teoria das supercordas.

OLIVEIRA, Kepler de; SARAIVA, Maria de Fatima. *Astronomia e astrofísica*. 2 ed. São Paulo: Editora Livraria da Física, 2004.
De constelações a quasares, esse livro busca explicar o céu e o Universo que vemos. O uso da Física como uma ferramenta para entender o Universo e o uso do Universo para descobrir as leis da Física é o objetivo desse livro.

VIEGAS, Sueli M. M.; OLIVEIRA, Fabíola de (Org.). *Descobrindo o Universo*. São Paulo: Edusp, 2004.
A história do Universo, partindo de sua gênese até o presente de nossa galáxia, é o tema desse livro. Nas suas páginas, o leitor não especializado compreende, por exemplo, como é possível, a partir de observatórios colocados na Terra ou em sondas espaciais, enxergar a história do Universo.

ENDEREÇOS NA INTERNET

<http://antwrp.gsfc.nasa.gov/apod/astropix.html>
Neste endereço mostra-se, diariamente, uma nova imagem ou fotografia do Universo. Uma breve explicação é dada por um astrônomo profissional.

<http://www.sab-astro.org.br>
Endereço oficial da Sociedade Astronômica Brasileira (SAB), que é a organização que congrega os astrônomos profissionais no Brasil. Há vários *links* interessantes.

<http://www.on.br/revista/index.html>
Se você quer conhecer uma revista eletrônica sobre Astronomia no Brasil, conheça o *Café Orbital*, revista eletrônica do Observatório Nacional.

<http://astro.if.ufrgs.br>
Site do livro virtual (*Introdução à Astronomia e à Astrofísica*).

<http://www.astro.iag.usp.br>
Endereço do Departamento de Astronomia do Instituto de As-

tronomia, Geofísica e Ciências Atmosféricas da Universidade de São Paulo.

<http://www.das.inpe.br>
Endereço da Divisão de Astrofísica do INPE.

<http://www.aventuradasparticulas.ift.unesp.br>
A Aventura das Partículas é a versão em português de uma iniciativa em constante evolução do projeto educacional patrocinado pelo Particle Data Group do Laboratório Nacional de Lawrence Berkeley (LBNL).

QUESTÕES
PARA REFLEXÃO E DEBATE

1 Como estaria a Astronomia hoje sem o advento da era espacial?

2 Como será a Astronomia do futuro com a utilização de novas tecnologias de detecção de radiações e partículas vindas do Universo?

3 Será que a explicação da matéria e energia escuras exigirá uma nova revolução na Física?

4 Os objetos e as regiões cósmicas também fazem parte do meio ambiente em que vivemos. Você saberia dar exemplos de fenômenos que ocorrem no Universo que podem influenciar a nossa vida aqui na Terra?

■

CONHEÇA OUTROS LANÇAMENTOS DA COLEÇÃO PARADIDÁTICOS UNESP

SÉRIE NOVAS TECNOLOGIAS

Da Internet ao Grid: a globalização do processamento
Sérgio F. Novaes e Eduardo de M. Gregores
Energia nuclear: com fissões e com fusões
Diógenes Galetti e Celso L. Lima
O laser e suas aplicações em ciência e tecnologia
Vanderlei Salvador Bagnato
Novas janelas para o Universo
Maria Cristina B. Abdalla e Thyrso Villela Neto

SÉRIE PODER

O poder das nações no tempo da globalização
Demétrio Magnoli
A nova des-ordem mundial
Rogério Haesbaert e Carlos Walter Porto-Gonçalves
Diversidade étnica, conflitos regionais e direitos humanos
Tullo Vigevani e Marcelo Fernandes de Oliveira
Movimentos sociais urbanos
Regina Bega dos Santos
A luta pela terra: experiência e memória
Maria Aparecida de Moraes Silva

SÉRIE CULTURA

Cultura letrada: literatura e leitura
Márcia Abreu
A persistência dos deuses: religião, cultura e natureza
Eduardo Rodrigues da Cruz
Indústria cultural
Marco Antônio Guerra e Paula de Vicenzo Fidelis Belfort Mattos
Culturas juvenis: múltiplos olhares
Afrânio Mendes Catani e Renato de Sousa Porto Gilioli

SÉRIE LINGUAGENS E REPRESENTAÇÕES

O verbal e o não verbal
Vera Teixeira de Aguiar
Imprensa escrita e telejornal
Juvenal Zanchetta Júnior

SÉRIE EDUCAÇÃO

Políticas públicas em educação
João Cardoso Palma Filho, Maria Leila Alves e Marília Claret Geraes Duran
Educação e tecnologias
Vani Moreira Kenski
Educação e letramento
Maria do Rosário Longo Mortatti
Educação ambiental
João Luiz Pegoraro e Marcos Sorrentino
Avaliação
Denice Barbara Catani e Rita de Cassia Gallego

SÉRIE EVOLUÇÃO

Evolução: o sentido da biologia
Diogo Meyer e Charbel Niño El-Hani
Sementes: da seleção natural às modificações genéticas por intervenção humana
Denise Maria Trombert de Oliveira
O relacionamento entre as espécies e a evolução orgânica
Walter A. Boeger
Bioquímica do corpo humano: para compreender a linguagem molecular da saúde e da doença
Fernando Fortes de Valencia
Biodiversidade tropical
Márcio R. C. Martins e Paulo Takeo Sano
Avanços da biologia celular e molecular
André Luís Laforga Vanzela

SÉRIE SOCIEDADE, ESPAÇO E TEMPO

Os trabalhadores na História do Brasil
Ida Lewkowicz, Horacio Gutiérrez e Manolo Florentino
Imprensa e cidade
Ana Luiza Martins e Tania Regina de Luca
Redes e cidades
Eliseu Savério Sposito
Planejamento urbano e ativismos sociais
Marcelo Lopes de Souza e Glauco Bruce Rodrigues

SOBRE O LIVRO

Formato: 12 x 21 cm
Mancha: 20,5 x 38,5 paicas
Tipologia: Fairfield LT Std 11/14
Papel: Off-set 75 g/m^2 (miolo)
Cartão Supremo 250 g/m^2 (capa)
1ª edição: 2005
2ª reimpressão: 2012

EQUIPE DE REALIZAÇÃO

Coordenação Geral
Sidnei Simonelli

Produção Gráfica
Anderson Nobara

Edição de Texto
Liga Editorial (Preparação de Original e Revisão)
Casa de Ideias (Atualização Ortográfica)

Editoração Eletrônica
Casa de Ideias (Diagramação)